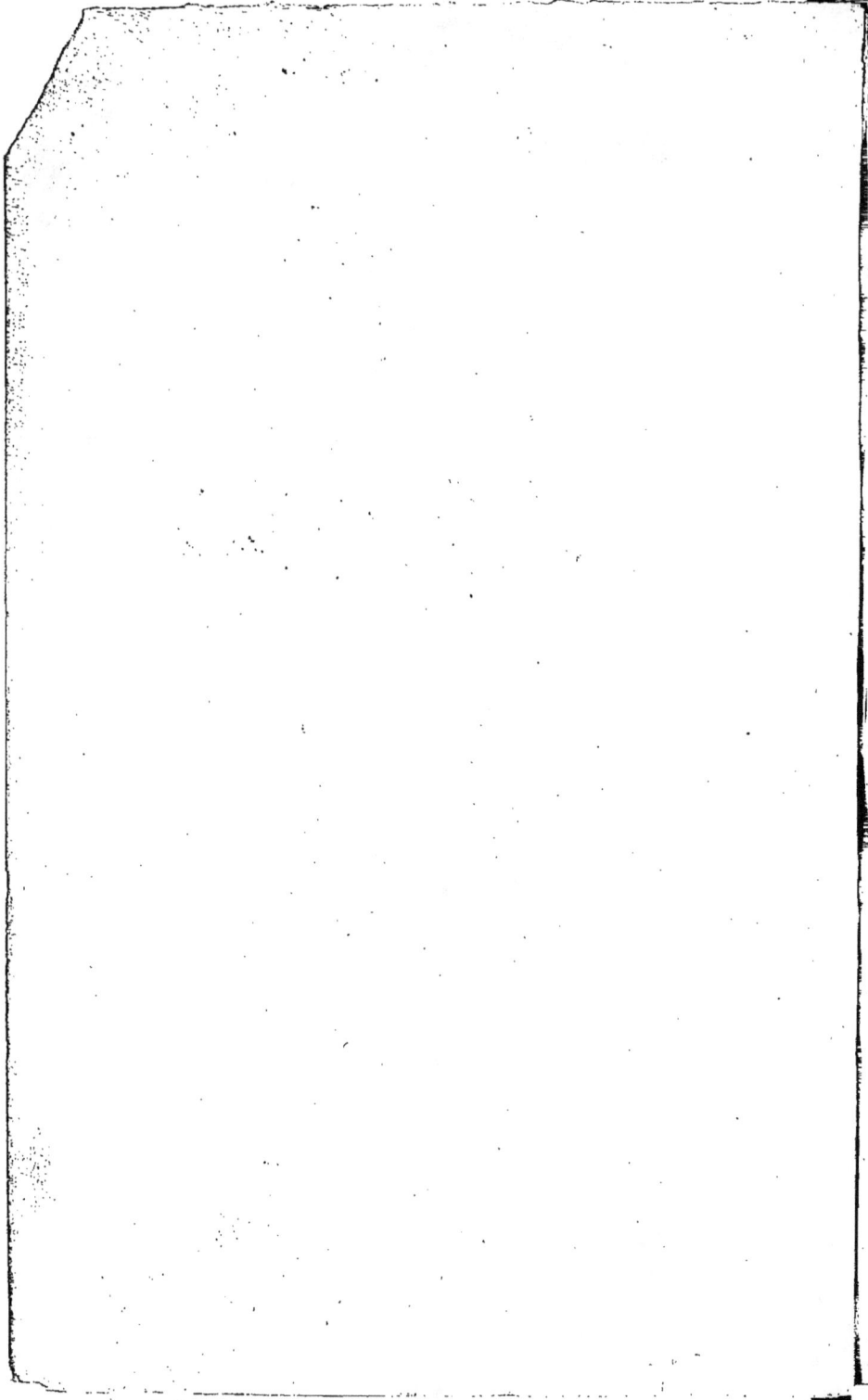

HISTOIRE NATURELLE

DU DÉPARTEMENT DES PYRÉNÉES-ORIENTALES.

ENTOMOLOGIE.

SUITE AU TRAVAIL SUR LES INSECTES COLÉOPTÈRES DES PYRÉNÉES-
ORIENTALES DE M. LE DOCTEUR LOUIS COMPANYO,

Par **M. P. PELLET.**

———

Extrait du XVᵉ Bulletin de la Société Agricole, Scientifique et Littéraire
des Pyrénées-Orientales.

———

La facile conservation des Coléoptères, leur division
naturelle en genres bien tranchés, ont attiré, vers cet
ordre d'insectes, l'attention d'un grand nombre de
naturalistes.

Le département des Pyrénées-Orientales étant, sans
contredit, le plus riche dans toutes les branches de
l'histoire naturelle, leurs recherches se sont nécessairement portées de ce côté de la France.

Par suite, les découvertes sont si nombreuses depuis
la publication des Coléoptères des Pyrénées-Orientales,
par notre excellent ami le docteur Companyo, que nous
sommes obligé d'abandonner la classification du général
Comte Déjean, classification adoptée par M. Companyo,
sauf pour les Carabiques; nous intercalerons seulement
dans cette famille les genres et espèces nouveaux.

Nous donnerons, autant que possible, la description
des espèces rares ou nouvelles d'après les entomologues
qui les ont découvertes.

Le travail que nous entreprenons ne peut avoir de fin; sans avoir recours à la création spontanée, nous comprenons fort bien que des êtres microscopiques, nocturnes pour la plupart, échappent à nos faibles moyens de recherches; aussi, nous sommes tout-à-fait de l'avis du docteur Companyo : « Beaucoup d'espèces restent à « découvrir; et nous engageons les jeunes gens à diriger « leurs études vers cette branche des connaissances « naturelles, qui donne tant d'attraits et fait passer bien « des moments heureux à ceux qui contemplent les « merveilles de la nature dans ses infiniment petits. »

L'œuvre de M. Companyo est immense; sans guide, sans noyau de collection, il a créé un Muséum d'Histoire naturelle qui surprend par sa richesse tous les hommes de science qui viennent explorer le Roussillon.

CARABIQUES.

1. Cicindela Chloris, Déjean;
— Gallica, Brullé.

Un exemplaire trouvé dans la région alpine du Canigou.

1. Cymindis Canigoulensis, (spec. nov.) L. Fairmaire et Laboulbène.

Cette espèce, découverte sur le mont Canigou, par M. Guynemer, n'a pas été retrouvée depuis; nous en donnons la description d'après *La Faune entomologique française :*

« Troisième division. Élytres presque lisses, rougeâtres, avec le disque brun.

« Longueur 7 millimètres. — Corps large, très-déprimé, d'un rougeâtre châtain plus pâle en dessous, palpes, antennes et pattes d'un ferrugineux un peu rougeâtre. Tête grosse, lisse, foncée. Corselet large, rétréci en arrière, finement ridé au milieu, arrondi sur les côtés; angles postérieurs relevés et arrondis avec une impression assez large, fortement ridée. Élytres assez courtes, ayant chacune une grande tache brune mal arrêtée, ne touchant ni les bords, ni la suture; stries lisses, bien marquées, surtout les suturales; une rangée de points presque imperceptibles sur les intervalles.

« *Observation.* Le Facies de cette espèce diffère de celui des autres *Cymindis* et rappelle celui du genre *Masoreus.* »

1. Aëtophorus Imperialis, Germ.

J'ai pris deux exemplaires de cette espèce que je croyais propre au Nord de la France; l'un sur la plage d'Argelès, l'autre, au mois de février, sous le pont du chemin de fer, route de Prades.

2. A. ruficeps, Géné.

J'ai trouvé cette variété, qui se distingue de l'Imperialis par la tête rougeâtre, en grand nombre, sur le bord des étangs de la Méditerranée; au Cagarell, près le village de Canet.

1. Dromius fasciatus, Déj.
— oblitus, Boïeld.

Ce *Dromius* habite le chêne vert; on le prend en nombre en le chassant au parapluie.

2. Drom. bifasciatus, Déj.

Sur le genévrier, assez rare.

3. Drom. fenestratus, Déj., var. du Drom. agilis, Fabr.

Il s'en distingue par une tache pâle, souvent peu arrêtée, vers la base de chaque élytre, quelquefois une autre tache peu marquée à l'angle sutural.

Sous les écorces et dans la mousse, au pied des arbres.

4. Drom. truncatellus, L.

Sous les pierres.

5. Drom. glabratus, Duft.

Très-commun sous les écorces des oliviers, pendant l'hiver, et sous les pierres, le restant de l'année, endroits secs.

1. Lionychus Maritimus, (genus et spec. nov.) L. FAIRM.

Niger, nitidus, depressiusculus, prothorace cordato, medio sulcato basi punctato, elytris ovatis, macula humerali parva albida, striatis, interstitiis sparsim punctatis. — Long. 3 mill.

Entièrement d'un noir brillant; un peu déprimé, tête lisse, un peu moins large que le corselet; antennes noires, plus longues que la tête et le corselet; corselet cordiforme fortement rétréci en arrière, convexe, lissé, ayant au milieu un sillon longitudinal, ponctué et ridulé à la base. Élytres courtes, ovalaires, déprimées sur la partie dorsale, à stries bien marquées, un peu moins sur les côtés, intervalles à points fins, très-peu serrés et à rides transversales extrêmement légères, mais qui, sous un certain jour, font paraître les élytres un peu inégales; à chaque épaule une petite tache blanchâtre mal arrêtée.

Ressemble au *L. Sturmii*, mais moins convexe, à élytres plus courtes, plus fortement striées, plus inégales et sans tache blanche, grande et bien arrêtée à chaque épaule; diffère du *L. Albonotatus* par le corselet plus étroit et les élytres plus ovalaires, plus fortement striées.

Découvert à Collioure, par M. Pouzau, commandant la place.

Cet insecte très-rare et qui paraît propre au département, se prend sous les algues marines, grau d'Argelès, plages de Collioure.

1. Lebia nigripes, DÉJ.

Se trouve, avec la *Crux major* dont elle n'est qu'une variété à pattes et cuisses entièrement noires, sous les pierres, au bord des torrents, aux régions alpines.

2. Leb. cyathigera, ROSSI.

Je l'ai prise en grand nombre, une seule fois, en battant les ormes avant le lever du soleil; je l'ai trouvée accidentellement dans le milieu du jour, cachée sous les plantes touffues, premier printemps.

3. Leb. turcica, FABR.

4. Leb. var. quadrimaculata, DÉJEAN.

Toujours sur l'orme en compagnie de la Turcica dont elle

n'est qu'une variété à quatre taches sur les élytres. Elle est très-commune et doit nécessairement faire la chasse aux larves de l'Agelastica Alni, L.

Malgré cet ennemi, l'*Agelastica* laisse, depuis quelques années, bien peu de feuilles sur les ormeaux; et, vouloir forcer cet arbre à ombrager nos routes, est chose impossible et reconnue de tous.

J'espère publier plus tard une monographie des insectes qui attaquent l'orme, et je prouverai que, de ses innombrables ennemis, l'*Agelastica Alni*, quoique le plus apparent, en est le plus benin.

1. Reicheia Lucifuga (genus et spec. nov.) F. DE SAULCY.

Très-voisin des Dyschirius, longueur, 1 millimètre $^1/_2$.

Testacea, capite thorace que lævigatis, illo sat magno, hoc quadrato, parallelo, fortius sulcato; elytris fortiter punctato-striatis, latitudine bis longioribus, lateralis minus rotundatis. Habitat montes Alberas propè Caucoliberim, in ripis torrentum.

Testacée, tête assez grande, ovale; front grand, lisse, limité de chaque côté par un sillon longitudinal; ces sillons se réunissent entre l'insertion des antennes en courbe très-prononcée. Parties de la bouche comme chez les *Dyschirius*. Labre court, trilobé. Épistome échancré, relevé. Dépression entre le front et l'épistome rugueuse. Mandibules un peu plus grandes que chez les *Dyschirius*. Antennes aux deux premiers articles longs; le troisième trois fois plus petit que le deuxième, carré, ainsi que les suivants qui grossissent insensiblement; le dernier ovale obtus, à peine plus large et de moitié plus long que le précédent.

A l'endroit où sont situés les yeux chez les *Dyschirius* se trouve un espace ovale, assez grand, proéminent, atteignant en avant le point d'insertion antennaire. Au bord supérieur de cet espace, vers son tiers antérieur, un sillon oblique obsolète, assez large, mais se rétrécissant bientôt, part du sillon longitudinal du front, divise en deux parties inégales l'espace ovale, et se dirige en avant en descendant. L'endroit un peu déprimé, résultant au bord supérieur de la jonction des deux sillons, est subdivisé lui-même en trois petits espaces lisses par de très-petits sillons très-obsolètes. Yeux très-petits à peine et très-difficilement visibles, placés dans le sillon oblique, assez bas, tout près de l'insertion des antennes, beaucoup plus en avant que chez les *Dyschirius*. Corselet plus large que la tête, un peu plus étroit que les élytres, lisse; une forte strie longitudinale naissant en avant dans un sillon arqué et se terminant en arrière un peu avant la base; disque présentant, sous un certain jour, de très-faibles impressions obsolètes; bord antérieur presque droit, angles antérieurs obtus, côtés droits, parallèles; angles postérieurs fortement arrondis avec le bord postérieur. Écusson comme chez les *Dyschirius*, entouré par un renflement de l'élytre sur lequel, de chaque côté, se trouve un point très-gros. Élytres à huit stries ponctuées, bien marquées, y compris la suturale qui rejoint la suture vers les deux tiers postérieurs, et la marginale qui se termine à l'épaule. Toutes les stries s'effacent à l'extrémité. Les côtés des élytres sont légèrement arrondis, presque parallèles. Leur longueur est double de leur largeur.

Jambes comme chez les *Dyschirius*, premier article des tarses postérieurs légèrement plus long; dents des jambes antérieures aigues.

Découvert par M. F. de Saulcy, dans les Albères, le 17 mars, au bord du torrent le Ravenet, près Collioure, sous un petit tas de détritus laissés par l'eau au pied d'une grande roche.

1. Cychrus Attenuatus, Fabr.

A été pris au-dessus de Saint-Martin de Canigou. Il paraît courir en plein soleil sur les vieux troncs.

1. Carabus Brisouti (spec. nov.) A. Fauvel.
— catenulato, Scop.

Satis vicinus, parallelus, magis convexus, nigro cyanescens, thoracis elytrorum que marginibus cyaneis, capite thorace que levibus, hoc sub-convexo, fortiter transverso, lateribus fortiter rotundatis, minime elevatis, angulis posticis præminentibus, obtusis,; elytris parallelis, multicostatis, costis tribus alternis catenulatis. — Long. 23 mill.

Facies du *Carabus catenulatus*, Scop., mais très-distinct. Allongé, parallèle très-convexe, brusquement atténué en arrière, d'un noir bleuâtre très-foncé, clair sur les côtés seulement du corselet et le bord externe des élytres. Tête sans rides visibles. Corselet rappelant assez celui du *Car. glabratus*, Fabr., large, fortement transversal, légèrement convexe; côtés non relevés, très-élargis en avant, régulièrement arqués et non redressés en arrière; angles postérieurs largement saillants, arrondis; base rectiligne; lisse en-dessus, paraissant très-finement ridé à un fort grossissement. Élytres subacuminées, à côtes nombreuses, serrées, saillantes, non granuleuses, séparées trois par trois, par trois côtes bien définies, caténiformes. Pattes robustes, assez courtes; tarses antérieurs largement dilatés chez le mâle.

Sous les grosses pierres; environs du Canigou.

2. Car. trabuccarius (spec. nov.) L. FAIRMAIRE.

Brevis, crassus, convexus, niger, parum nitidus, violaceo marginatus; prothorace transverso, lateribus ruguloso, angulis posticis latis, productis, obtusis; elytris ovatis, convexis, asperolineatis, seriatim punctatis, utrinque leviter tricatenulatis; apice obtuso, non sinuato. — Long, 27 millim.

Court, épais, convexe; d'un noir peu brillant, bordé sur les côtés du corselet et des élytres d'un bleu violet. Tête assez grosse, très-finement ridulée en avant, à peine ponctuée. Corselet presque deux fois aussi large que long, légèrement rétréci en arrière; angles postérieurs larges et saillants, obtus à l'extrémité, à ponctuation assez fine sur le disque, plus serrée et rugueuse sur les bords. Élytres ovalaires, plus larges que le corselet, s'élargissant un peu en arrière; extrémité obtuse, non sinuée; surface convexe, couverte de fines lignes saillantes, peu régulières, à fines aspérités, séparées par des lignes de points de râpe : sur chaque élytre, trois lignes un peu plus saillantes, interrompues en caténulations; bord réfléchi, interrompu par trois ou quatre rides transversales. Pattes assez courtes et assez robustes.

Cette espèce fait partie de ce groupe de Carabes espagnols, de forme trapue et à grosse tête, dont on peut donner comme type le *Car. helluo;* elle diffère de ce dernier par la taille plus grande, les élytres moins convexes, beaucoup plus grandes, à épaules plus effacées; le corselet est un peu plus large, avec les côtés moins fortement relevés en arrière.

Il n'a été trouvé jusqu'aujourd'hui qu'un seul exemplaire ♀ de cette belle espèce; il fait partie de ma collection. Je l'ai découvert au Perthus, sur l'extrême limite du département, à quelques pas de la borne frontière, en allant vers la maison dite d'Espagne.

MM. le baron M. de Chaudoir et A. Deyrolle ont prétendu que cette espèce était douteuse; que c'était le *Car. Egesippei*, Deyr. Sur leur affirmative, M. de Marseul a mis dans son Catalogue de 1863 le *Car. trabuccarius* en synonymie d'*Egesippei*.

D'après M. de Marseul, l'*Egesippei* aurait même été trouvé dans les Pyrénées. M. le docteur Grenier, dans son Catalogue des Coléoptères de France, ne porte pourtant pas cette espèce comme française.

Je ne connais que deux exemplaires d'*Egesippei*, tous deux trouvés en Portugal: l'un fait partie de la collection de M. le Bon de Chaudoir; l'autre appartient à la collection de M. Deyrolle.

J'ai étudié l'insecte de M. Deyrolle. C'est bien une variété du *Macrocephalus*, Déj., se rapprochant beaucoup du *Cantabricus*, Chévl.

Le *Trabuccarius* est bien plus voisin du *Catenulatus*, Scop., que de l'*Egesippei*. Trop de caractères l'en éloignent pourtant, et je regarde cette espèce comme fort précieuse pour la Faune du Roussillon.

1. Nebria Lafresnayi, Déj.

Se trouve sous les pierres à moitié submergées. Régions alpines; Vernet-les-Bains surtout.

1. Notiophilus punctulatus, Wesmael.

Sous les feuilles, dans les endroits humides.

2. Not. Germinyi (spec. nov.) A. Fauvel; Not. palustri, Duft., et Not. aquatico, Lin.

Intermedius, minor, nigro cupreus, antennarum basi pedibus que rufulis, prothorace subcordiformi, lateribus fortius arcuatis, angulis posticis rectis, basi fortiter parce punctato, elytris angustatis, profundius usque ad summum striatis, intervallis subelevatis, his tribus primis æqualibus.— Longueur 4 millimètres.

Intermédiaire entre les *Not. palustris*, Duft. et *aquaticus*, Lin.; mais encore plus petit que ce dernier. Bronzé noirâtre en dessus, vert noirâtre en dessous. Tête cuivreuse, comme chez l'*Aquaticus*; ponctuation nulle derrière les yeux, qui sont un peu plus proé-

minents. Antennes noirâtres, les quatre premiers articles rougeâtres. Corselet subcordiforme, beaucoup plus rétréci en arrière
que chez le *Palustris;* côtés très-arrondis en avant, à peine redressés à la base; angles postérieurs droits; ponctuation plus
écartée sur les côtés et en avant, profonde mais éparse à la base;
disque lisse. Écusson subtriangulaire, faiblement arrondi au sommet. Élytres courtes, étroites comme celles de l'*Aquaticus*, mais
présentant la disposition des stries de celles du *Palustris;* celles-ci
bien plus profondes chez ce dernier; intervalles comme relevés,
non effacés à partir des trois quarts postérieurs, mais atteignant
toutes l'extrémité; à la base, deux vestiges de stries, l'externe,
composée de trois ou quatre points, non réunie à la suturale;
les trois premiers intervalles subégaux comme chez le *Palustris;*
une seule fossette sur le troisième, au quart supérieur. Jambes
brunes, avec un reflet bronzé.

Vallée d'Eyne, près Mont-Louis; en juillet. Ce *Notiophilus* est
facile à reconnaître à son facies, qui rappelle exactement celui
de son congénère l'*Aquaticus*, tandis que la disposition de ses
stries élytrales est analogue à celle du *Palustris*.

3. Not. rufipes, Curtis.

Se trouve avec le *Punctulatus.*

1. Leistus Pyræneus, Kraatz. (spec. nov.)

Nigro-piceus, suprà cyanescens, antennarum basi, ore, thoracis margine
laterali, femoribus tibiisque magis minus ve piceo-rufis, antennis, tarsis-
que rufis, thorace subcordato, elytris, elongato-ovatis, basin versùs sensim
attenuatis. — Longueur 8 millimètres.

Cet insecte a presque tout le facies du *Leist. piceus*, mais il est
un peu plus petit et plus étroit; le prothorax, dont les côtés sont
plus largement marginés, est moins rétréci en arrière, et les élytres sont plus fortement ponctuées-striées. Tête subréticulée
près de l'insertion des antennes. Prothorax transverse fortement
arrondi sur les côtés, très-rétréci vers la base, avec les angles
postérieurs droits, légèrement relevés, creusé en dessus d'une
ligne longitudinale, médiane, ponctué à la base et au sommet,
avec ses bords latéraux élevés et ponctués d'une manière tout à
fait semblable à celle du *Leist. nitidus.* Élytres oblongues, trois

fois plus longues que le prothorax, sensiblement un peu plus étroites vers la base, plus larges après le milieu et moins subtilement ponctuées-striées.

Ravins du Canigou.

2. Leist. puncticeps (spec. nov.) L. Fairm. et Laboulbène.

Long. 8 mill. Forme et couleurs du *Leist. spinibarbis*, Fabr. Diffère par la tête, ponctuée au milieu et plus fortement rugueuse le long des yeux; le corselet plus fortement rétréci en arrière; les élytres plus courtes, plus ovalaires, à stries plus marquées et plus fortement ponctuées; les pattes, les antennes et les derniers segments de l'abdomen d'un roux ferrugineux; la poitrine et la base de l'abdomen plus rugueusement ponctuées.

Sous les pierres, dans les ravins au pied des montagnes.

3. Leist. nitidus, Duft.

Assez commun dans les vallées d'Err et d'Eyne. (Comte Déjean).

1. Oodes Gracilior (spec. nov.) L. Fairm. et Laboul.

Long. 8 mill.—D'un noir luisant; extrémité des palpes et base du premier article des antennes rougeâtres; pattes d'un brun rougeâtre. Corselet notablement rétréci en avant, côtés entrant un peu à la base, de sorte que la plus grande largeur est avant la base; angles postérieurs un peu aigus, mais émoussés. Élytres arrondies à l'extrémité, mais non brusquement.

Cette espèce se distingue facilement de l'*O. Helopioïdes* par la forme plus étroite, plus elliptique, le corselet plus rétréci en avant, un peu rétréci à la base, et le métasternum très-finement ponctué, tandis qu'il l'est assez fortement chez l'*Helopioïdes*. Les cuisses sont, de plus, d'un brun rougeâtre.

Sous les pierres dans les endroits secs.

1. Pogonus pallidipennis, Déj.

2. Pog. gracilis, Déj.

3. Pog. testaceus, Déj.

Presque tous les *Pogonus* se trouvent sous les détritus, aux étangs salins et sur le bord de la mer. Ils sont assez agiles. Le *P. testaceus* n'est pas fort dégourdi, mais il est assez rare. Sa couleur rouge clair à légers reflets de bronze attire le regard. Je l'ai pris au Cagarell, près Canet, et au grau d'Argelès.

1. Pristonychus oblongus, Déj.

2. Pris. angustatus, Déj.

Vernet-les-Bains.

5. Pris. Jacquelinii (spec. nov.) Boïeldieu.

Elongato-ovalis, nigro vel brunneo-piceus, omnium lævissimus. Caput oblongum, antice bi-impressum; thorax elongato-cordatus, postice antice que vix emarginatus, basi utrinque longitudinaliter impressus; elytra oblongo-ovalia, striata, margine laterali leviter reflexo, striâ externâ grosse punctata; pedes cum antennis palpis que corpore lucidiores. — Longueur, 16 à 14 millimètres; largeur, 5 1/2 à 5 millimètres.

En ovale allongé, très-légèrement convexe, déprimé sur le dos, très-lisse, d'un noir de poix ou d'un brun de poix avec les antennes, les palpes et les pattes plus clairs. Tête oblongue, avec une impression longitudinale à la base de chaque antenne. Palpes à articles allongés, renflés au sommet; le premier arqué, le dernier obtusément arrondi à l'extrémité. Antennes aussi longues que la moitié du corps, à articles très-allongés, le troisième égalant les deux premiers. Corselet allongé, cordiforme, un tiers plus long que large, à côtés rebordés, arrondis largement jusqu'au quart postérieur où ils se redressent; angles postérieurs droits et un peu avancés en dehors. Une ligne longitudinale sur le disque et une impression oblongue de chaque côté de la base. Écusson en triangle obtus. Élytres ovales oblongues, un peu plus larges que le corselet à la base, dilatées vers le milieu, obtuses au sommet, un peu convexes latéralement, déprimées sur le dos, à côtés relevés, striées: une série de gros points sur le dernier intervalle. Pattes longues et grêles, tibias garnis intérieurement et extérieurement d'une ligne de poils épineux, raides, et à leur extrémité de deux épines écartées.

A été découvert dans les cavernes des Pyrénées-Orientales, par M. Jacquelin-Duval (Camille), de Prades.

4. P. Australis (spec. nov.) L. Fairmaire.

Se distingue du *P. terricola* par une taille plus grande (de 14 à 17 millimètres); la couleur est plus noire, le corselet est plus large, plus arrondi sur les côtés, qui ne se redressent que juste pour former les angles postérieurs; aussi ces derniers paraissent faire une petite dent comme chez l'*Omaseus vulgaris*. L., les élytres sont plus oblongues, moins atténuées en avant, plus parallèles, plus convexes. Chez quelques petits individus, des ⚥ surtout, les côtés du corselet sont moins arrondis et le corselet lui-même est plus étroit, mais ils forment toujours une petite dent à la base; les jambes intermédiaires sont arquées, parfois très-faiblement, mais toujours plus que chez le *Terricola*.

Se trouve dans les endroits sombres; dans tout le midi de la France.

1. Calathus punctipennis, Germ.

2. Cal. ambiguus, Payk.

3. Cal. piceus, Marsh.

4. Cal. mollis, Marsh.

5. Cal. Alpinus, Déj., variété du Cal. melanocephalus.

Elle est très-commune. Les *Calathus* se trouvent sous les pierres, au premier printemps.

1. Anchomenus atratus, Duft.

2. Anc. puellus, Déj.

Sous les pierres et les détritus, sur le bord de l'eau.

1. Agonum mæstus, Duft., variété du Viduus, Sanz.

2. Ag. emarginatus, Gyll.

3. Ag. versutus, Gyll.

Très-rare.

4. Ag. atratus, Duft.

5. Ag. lucidus (spec. nov.) L. Fairmaire et Laboulbène.

Longueur, 8 à 8 1/2 millimètres. — Oblong, d'un brun noir très-luisant; antennes et pattes d'un brun noirâtre; pattes d'un brun un peu rougeâtre, ainsi que le bord réfléchi des élytres. Corselet à peu près aussi long que large, aussi large à la base qu'au bord antérieur; côtés arrondis ainsi que les angles postérieurs qui sont pourtant un peu marqués; surface assez convexe, impressions postérieures visibles. Élytres grandes, un peu brunâtres, à stries très-fines, à peine enfoncées, sauf les deux premières; intervalles plans; sur le troisième trois points enfoncés, le premier vers la base, sur la troisième strie; le deuxième au milieu, le troisième aux trois quarts, peu visible.

Observation. Cette espèce se distingue facilement du *Micans*, Nicol. *Picipes,* Fabr. et autres analogues, par une impression allongée, bien visible, quoique peu profonde, sur la cinquième strie, un peu avant l'extrémité.

6. Ag. puellus, Déj.

7. Ag. micans, Nicol.

Ce genre habite les lieux humides, sous les pierres et les détritus.

1. Olisthopus glabricollis, Germ.

Sous les feuilles et les pierres, dans les endroits secs et sablonneux.

1. Dyschirius chalceus, Er.

2. Dysc. nitidus, Déj.

3. Dysc. politus, Déj.

4. Dysc. rugicollis (spec. nov.) L. Fairmaire et Laboulbène.

Longueur, 3 1/2 à 4 millimètres. — Oblong-ovalaire, moins convexe, d'un bronzé brillant; bouche, premier article des antennes et pattes d'un brun rougeâtre, épistome tridenté, dents latérales pointues, la médiane un peu relevée; carènes oculaires saillantes; trois carènes transversales en avant. Corselet presque hémisphérique, un peu carré; angles antérieurs un peu marqués, mais arrondis; surface couverte de très-fines rides serrées, visibles à la simple loupe et qui sont plus fortes et longitudinales au bord antérieur; ligne médiane bien marquée, assez profonde. Élytres plus larges que le corselet, ovalaires, assez courtes, à stries assez profondes, grossement ponctuées, ces points devenant plus petits vers l'extrémité. Dents externes des jambes antérieures pointues, la supérieure courte, l'inférieure assez longue, spiniforme.

Ressemble au *Thoracicus;* en diffère par le corselet finement rugueux, moins convexe, à angles antérieurs un peu marqués et par les élytres plus larges, à stries plus profondes et grossement ponctuées. Marais salants.

5. Dysc. thoracicus, Rossi.

6. Dysc. riparius, Mann.

7. Dysc. angustatus, Ahr.

8. Dysc. salinus, Schaum.

9. Dysc. cylindricus, Déj.

10. Dysc. globosus, Herbst.

11. Dysc. punctatus, Déj.

12. Dysc. minutus, Déj.

13. Dysc. æneus, Déj.

14. Dysc. chalibeus, Putz.

15. Dysc. apicalis, Putz.

Ce genre se trouve sur le bord de la mer, dans les étangs, sur le bord des rivières.

1. Cardiomera genci, Bassi.

Espèce fort rare. Habitat : Sicile, Algérie.

M. Jacquelin-Duval (Camille), l'a découverte sur les bords du fleuve La Tét, aux environs de Prades.

Envoyée en communication au célèbre critique allemand docteur Schaum, de Berlin, elle fut décrite par lui en 1860 et dédiée à notre ami le vicomte Henri de Bonvouloir. M. Reiche, de Paris, a présenté sur cette description, des observations qui ont été adoptées par le docteur Grenier, dans son catalogue des insectes de France, 1863. Par suite, la *Cardiomera Bonvouloirii*, Schaum, doit céder le pas à la *Cardiomera Genei*, décrite antérieurement par Bassi.

1. Feronia jugicola (spec. nov.) L. FAIRMAIRE et LABOULBÈNE.

Longueur, 8 $^1/_2$ millimètres. — Forme et couleur de la *Fer. Ruficollis*, un peu plus grande et un peu plus déprimée en dessus. Tête plus grosse, d'un brun noir; impressions de la base des antennes moins marquées. Corselet à angles postérieurs plus arrondis, à base plus sinuée au milieu; impressions postérieures plus larges et plus profondes. Élytres à stries bien marquées, lisses, plus profondes vers la suture, surtout la première; pas de points sur le troisième intervalle.

Au pied du Canigou, une seule ♀ trouvée par M. Guinemer.

2. Fer. platyptera (spec. nov.) L. FAIRMAIRE et LABOULBÈNE.

Longueur, 17 millimètres. — D'un noir assez luisant; très-déprimée en dessus; tête grande et allongée; corselet aussi long que large, très-rétréci en arrière; côtés fortement arrondis, se redressant assez brusquement vers le tiers postérieur; angles postérieurs droits; ligne médiane très-enfoncée ainsi que l'impression transversale postérieure; deux fossettes latérales, l'interne longue et profonde un peu ridée en dehors, l'externe petite et inégale. Élytres plus larges que le corselet; épaules assez marquées; côtés légèrement arqués, extrémité un peu arrondie, stries profondes, lisses; intervalles convexes; sur le troisième trois points enfoncés bien distincts et irréguliers.

Environs de Vernet-les-Bains. Un seul individu ♀ trouvé par M. Cazalis, de Montpellier.

3. Fer. grandicollis (spec. nov.) L. Fairmaire et Laboulbène.

Longueur, 14 millimètres.—Assez allongée, parallèle. Corselet
aussi long que large, légèrement rétréci en avant, pointe des
angles postérieurs tombant; fossettes postérieures profondes;
surface très-légèrement ridée, plus visiblement vers la base et
dans les fossettes. Élytres assez longues, à stries profondes,
lisses. Pattes noires, hanches antérieures rougeâtres. Se distingue
facilement de la *F. striola*, à laquelle elle ressemble beaucoup,
par sa taille plus allongée, la base du corselet plus échancrée,
les stries profondes et lisses; de l'*Oblonga*, par sa forme plus
plate en dessus, son corselet non rétréci en arrière, légèrement
ridé, les fossettes plus profondes et les stries beaucoup plus
enfoncées.

Environs de Vernet-les-Bains.

1. Zabrus inflatus, Déj.

Au pied des montagnes.

1. Omaseus gracilis, Déj.

2. Om. minor, Gyll.

Bords des ruisseaux, endroits humides.

1. Amara rufoænea, Déj.

2. Am. municipalis, Durt.

3. Am. erratica, Durt.

4. Am. rufocincta, Sahl.

5. Am. striatopunctata, Déj.

6. Am. rufipes, Déj.

7. Am. tricuspidata, Déj.

8. Am. curta, Déj.

9. Am. trivialis, Gyll.

10. Am. familiaris, DUFT.

11. Am. consularis, DUFT.

12. Am. picea, FABR.

Les *Amara* se trouvent sous les pierres, sous les détritus ; à partir de fin février, elles volent pendant toute la chaleur du jour ; on les rencontre en grand nombre courant sur les routes, en plein soleil.

1. Ophonus cribricollis, DÉJ.

2. Oph. azureus, FABR.

3. Oph. similis, DÉJ.

J'ai pris quelques exemplaires de ce rare insecte, en juillet et août, au plus chaud du jour et courant au soleil.

4. Oph. ditomoïdes, DÉJ.

Espèce très-rare ; je n'en possède qu'un seul exemplaire pris à l'étang du Cagarell, dans les détritus, au pied des tamarix.

5h. Op. brevicollis, DÉJ.

6. Oph. signaticornis, DUFT.

7. Oph. subquadratus, DÉJ.

1. Harpalus dispar, DÉJ.

2. Har. rubripes, DUFT.

3. Har. Discoïdeus, FABR.

4. Ha. punctato striatus, DÉJ.

5. Har. honestus, DUFT.

6. Har. maxillosus, DÉJ.

7. Har. fulvipes, FABR.

8. Har. tenebrosus, DÉJ.

9. Har. litigiosus, Déj.

10. Har. solierï, Déj.

11. Har. 4 punctatus, Déj.

12. Har. subcylindricus, Déj.

Cette espèce est fort rare; elle a été pour la première fois signalée comme habitant les Pyrénées-Orientales par le général comte Déjean.

13. Har. decipiens, Déj.

14. Har. neglectus, Déj.

15. Har. consentaneus, Déj.

16. Har. Goudotii, Déj.

17. Har. pumilus, Déj.

Les *Ophonus* et les *Harpalus* se trouvent les uns dans les endroits secs, les autres sur le bord de l'eau; les espèces qui fréquentent de préférence les endroits secs paraissent les plus rares; les larves trouvent difficilement leur nourriture, et beaucoup doivent périr à l'époque des grandes chaleurs.

Un mot sur l'*Ophonus incisus*, Déjean.

Il vit sur le fenouil. Dès que cette plante a formé ses graines, fin septembre, l'on trouve l'*Incisus*, par un beau soleil surtout, occupé à sucer l'huile que renferment les graines de l'ombellifère.

L'*Incisus* étant un carnassier, j'ai dû l'observer avec la plus grande attention et à plusieurs reprises.

Je suis absolument convaincu qu'il ne grimpe pas après les fenouils pour tâcher de surprendre les petits insectes de différents ordres qui se posent sur les fleurs de cette plante, puisqu'on ne le trouve que sur les graines, qu'il dissèque très-promptement. Il reste un instant immobile, absorbe la liqueur et passe à la graine voisine.

Cet insecte et quelques autres, quoique de la Famille des Carnassiers, se nourrissent, à l'état parfait, du suc de certaines graines. Je ne connais pas la larve de l'*Incisus;* je ne serais pas surpris qu'elle se nourrît des racines du fenouil.

1. Stenolophus discophorus, FISCH.

2. Sten. brunnipes, STURM.

3. Sten. meridianus, L.

4. Sten. exiguus, DÉJ.

1. Trechus latebricola, (spec. nov.) KIESENWETTER.

Longueur, 3 millimètres. — D'un brun foncé, antennes et pattes testacées. Antennes de moitié plus longues que le corps, à peine plus épaisses vers l'extrémité; troisième article égal au deuxième. Corselet presque cordiforme, un peu rétréci vers la base. Angles postérieurs obtus quoique presque droits; de chaque côté, à la base, une fossette, sillon médian profond. Élytres ovalaires, plus de deux fois aussi larges que la base du corselet, arrondies à l'extrémité, plus claires à l'extrémité de la suture et des bords, à stries ponctuées, les trois premières plus profondes, les autres plus ou moins effacées, trois points sur la troisième.

Trouvé sous les mousses, à Prats-de-Molló, par M. Kiesenwetter.

C'est ici la place des *Anophthalmus, Aphœnops, Anillus, Microliphlus,* genres se composant d'insectes aveugles ou qui ne présentent que des rudiments d'yeux.

Les *Anopthalmus, Aphœnops* se trouvant dans les grottes profondes, n'avaient pas besoin d'yeux pour un pareil habitat. La nature en leur enlevant un organe inutile pour eux, leur a donné, par contre, des antennes fort longues au moyen desquelles ils évitent les obstacles qui s'opposent à leur marche. Ils sont hauts sur pattes et courent très-vite. Le moindre déplacement d'air les prévient de l'approche du danger; ces insectes sont jaunes, presque transparents. Ils sont aptères, puisqu'ils n'y voient pas.

Depuis quelque temps les Entomologues se sont passionnés pour la chasse de ces insectes : l'attrait de la nouveauté.

Il en est qui se trouvent enfouis sous d'énormes blocs de rochers; ce sont les *Anillus*, les *Microtyphlus*.

Il arrive fort souvent que deux Entomologues (il faut être deux pour un pareil travail), après avoir épuisé leurs forces à faire rouler tous les rochers du flanc d'une montagne, ont entrepris l'œuvre de Sisyphe. Ces insectes sont donc fort rares. Les Pyrénées-Orientales en possèdent quelques-uns.

Les *Anophthalmus* et *Aphœnops* n'ont pas encore de représentants dans le département. Ces insectes se trouvent dans les cavernes des Hautes-Pyrénées, de l'Ariége, de la Haute-Garonne. Il n'y a aucun motif de douter qu'elles n'habitent les grottes encore inexplorées des Pyrénées-Orientales.

1. Microtyphlus Schaumii (genus et spec. nov.) SAULCY.

Cet insecte a été découvert par MM. Félicien de Saulcy et Jules Linder, dans les Albères, entre Port-Vendres et la baie de Paulillas, sous de gros rochers enfoncés dans le sol. M. de Saulcy, ne possédant que deux femelles, avait décrit cet insecte sous le nom générique de *Scolodipnus*. M. Linder a recueilli plusieurs insectes des deux sexes, et a trouvé chez le mâle un caractère très-remarquable, qui fait sortir cette espèce du genre *Scolodypnus*. Les mâles ont les tarses antérieurs dilatés et les mandibules n'ont pas de dent à la partie supérieure. M. Linder a établi, sur ces différences, le genre *Microtiphlus*.

Voici la description de ce petit Carabique :

Pallide testaceus, elongatus, parallelus, thorace capite sesqui latiore, clytris vage rugulosis, antennarum articulis sub elongatis. — Longueur, 1 1/2 à 1 3/4 millimètres.

D'un testacé pâle, brillant, allongé, parallèle. Tête marquée de deux sillons interrompus, formant quatre fossettes obliques, divergentes en arrière.

Antennes à articles très-légèrement allongés. Corselet beaucoup plus large que la tête, aussi long que large, se rétrécissant dès le tiers antérieur, marqué en avant et en arrière de sillons transversaux, courbes assez prononcés, et au milieu d'un sillon longitudinal joignant les deux sillons transversaux, très-fortement enfoncé et assez large, s'élargissant en arrière, séparant le corselet comme en deux lobes; côtés arrondis en avant, droits en arrière; angles postérieurs émoussés. Abdomen presque trois fois aussi long que le corselet, parallèle. Épaules presque carrées mais arrondies au sommet. Élytres parallèles, à côtés fort peu arrondis, déhiscentes à l'extrémité; sommet de chacune arrondi séparément et ayant un long poil jaune; ponctuation irrégulière, assez forte mais obsolète, peu serrée, faisant paraître la surface un peu rugueuse. Pattes, antennes et palpes plus pâles.

Diffère du *Glaber*, Baudi, par la taille moindre, la tête plus petite, à sillons différents, la forme du corselet dont les angles postérieurs sont moins saillants, et la ponctuation des élytres.

Diffère de l'*Aubei*, Saulcy, par la taille plus grande, la tête bien plus petite à proportion, la forme des sillons frontaux, la longueur des antennes, le corselet plus grand, à sillon médian bien plus fort et à angles postérieurs moins saillants, l'abdomen et les élytres plus longs et le parallélisme et la ponctuation de ces dernières.

1. Anillus convexus, (spec. nov.) SAULCY.

Testaceus, elongatus parallelus, convexus, elytris thorace non latioribus, striato-punctatis angulis humeralibus rectis.

Testacé, parallèle, proportionnellement plus long que le *Cœcus;* élytres à côtés droits parallèles, bien plus convexes. Tête à fossettes postérieures un peu moins larges mais aussi profondes que celles du *Cæcus;* antennes à derniers articles un peu plus longs que ceux de cette dernière espèce. Corselet à côtés un peu moins rétréci vers la base, non subsinués postérieurement; bords bien moins relevés, angles postérieurs plus déprimés; sillon longitudinal et impression transversale basilaire comme chez le *Cæcus.* Élytres coupées carrément à la base; celle-ci formant avec le bord latéral un angle droit dont le sommet est arrondi. De l'épaule aux trois quarts postérieurs, la largeur est égale. Extrémité arrondie, stries bien visibles près de la suture; passé la troisième, on ne distingue plus que les lignes de points, y compris la strie suturale, il y a environ huit lignes de points bien marqués quoique fins, et assez serrés. De chaque point part un petit poil jaune, un grand poil de même couleur à l'extrémité de chaque élytre. Pattes comme chez le *Cæcus;* chez ce dernier la base des élytres s'abaisse de l'écusson aux épaules; celles-ci sont largement arrondies, et le bord extérieur des élytres est légèrement arrondi des épaules aux trois quarts postérieurs; les stries sont presque toutes visibles, et leurs points, plus larges et moins profonds que chez le *Convexus,* se confondent plus avec elles. L'*Hypogæus* a le corselet encore moins rétréci vers la base, à bords moins relevés encore, et ses angles postérieurs ne sont pas déprimés. Ses élytres sont coupées droit à la base, comme celles du *Convexus,* mais ses épaules sont un peu plus largement arrondies et les bords latéraux un peu moins parallèles; leur surface est bien plus déprimée que chez le *Cæcus,* et toutes les stries sont, quoique fines, visibles avec leurs points fins et très-serrés. Quant au *Frater,* il est hors de comparaison à cause de sa petite taille et de son front sans fossette.

Trouvé par M. F. de Saulcy, à Banyuls-sur-Mer.

1. Bembidium scutellare, GERM.

2. Bem. parvulum, DÉJ.

3. Bem. nanum, GYLL.

4. Bem. fulvicolle, DÉJ.

5. Bem. Fockii, HUMM.

6. Bem. flammulatum, CLAIRV.

7. Bem. varium, OLIV.

8. Bem. fumigatum, J. DUVAL.

9. Bem. Assimile, GYLL.

10. Bem. rufescens, DÉJ.

11. Bem. decorum, PAUZ.

12. Bem. fulvipes, STURM.

13. Bem. nitidulum, MARSH.

14. Bem. monticulum, STURM.

15. Bem. præustum, DÉJ.

16. Bem. fasciolatum, DUFT.

17. Bem. scapulare, DÉJ. variété du tricolor, FABR.

Cet insecte est plus étroit que le *Tricolor;* son corselet est plus long, plus étroit et plus convexe; la tache des élytres est plus circonscrite; elle ne renferme pas la base en son entier, elle n'arrive ni au bord externe, ni à la suture.

18. Bem. conforme, DÉJ.

19. Bem. femoratum, STURM.

20. Bem. elongatum, DÉJ.

21. Bem. dahlii, DÉJ.

22. Bem. cribrum, JACQ. DUVAL.

23. Bem. rufipes, STURM.

24. Bem. callosum, KUSTER.

25. Bem. quadrimaculatum, L.

26. Bem. doris, PANZ.

27. Bem. tenellum, ER.

28. Bem. normannum, DÉJ.

29. Bem. normannum, DÉJ., variété rivulare, DÉJ.

30. Bem. aspericolle, GERM.

31. Bem. lampros, HERBST.

32. Bem. punctulatum, DRAPIER.

Les *Bembidions* sont de taille petite; fort agiles, pour la plupart. Ils habitent presque tous le bord des eaux courantes, sous les pierres à moitié submergées. Quelque-uns ne se trouvent que sur le bord de la mer, sous les algues, les coquillages.

M. Jacquelin Duval (Camille), de Prades, Pyrénées-Orientales, a fait paraître en 1851, *La Monographie du genre Bembidium;* cet ouvrage a placé l'Entomologue français à la tête des naturalistes. Les descriptions sont exactes et soigneusement faites; la synonymie est précieuse surtout pour les amateurs de province qui n'ont pas beaucoup d'ouvrages à leur disposition.

Je ferai la même observation pour le *Genera des Coléoptères d'Europe* du même auteur.

Cet ouvrage n'a pu être terminé par M. Jacquelin Duval; la mort l'a surpris, fort jeune encore, au milieu de son travail. C'est une perte bien regrettable pour la Science Entomologique.

Perpignan, typ. Ch. Latrobe.—1053.

HISTOIRE NATURELLE
DU DÉPARTEMENT DES PYRÉNÉES-ORIENTALES.

ENTOMOLOGIE.

SUITE AU TRAVAIL SUR LES INSECTES COLÉOPTÈRES DES PYRÉNÉES-
ORIENTALES DE M. LE DOCTEUR LOUIS COMPANYO,

HYDROCANTHARES.

1. Dytiscus Pisanus, LAP.

Espèce méridionale, très-rare, trouvée dans les mares de l'étang du *Cagarell*.

1. Colymbetes Grapii, GYLL.

Sur les bords de La Tet, dans les flaques d'eau.

2. Col. pulverosus, STURM.

Avec le précédent.

1. Ilibius obscurus, MARSH.

Dans les eaux courantes.

1. Agabus agilis, FABR.

Se trouve dans les endroits vaseux de la rivière La Basse.

2. Aga. Solieri, AUBÉ.

A Vernet-les-Bains, en allant vers le village de Castell.

3. Aga. melas, AUBÉ.

Pris à Prats-de-Molló, par V. Kiesenwetter.

2

1. Noterus semipunctatus, FABR.

Assez commun dans les fossés des environs de la porte Saint-Martin.

1. Laccophilus hyalinus, DE GEER.

Très-commun sur les bords du Grau d'Argelès-sur-Mer.

2. Lacco. testaceus, AUBÉ.

Plus rare que le précédent; bords de La Basse.

1. Hydroporus decoratus, GYLL.

2. Hydro. bicarinatus, CLAIRV.

3. Hydro. unistriatus, ILL.

4. Hydro. granularis, L.

5. Hydro. Davisii, CURTIS.

6. Hydro. septentrionalis, GYLL.

7. Hydro. angustatus, STURM.

8. Hydro. nivalis, HEER.

9. Hydro. marginatus, DUFT.

10. Hydro. palustris, L.

Se trouve, ainsi que les précédents, dans les eaux courantes et sur le bord des étangs.

11. Hydro. Aubei, MULSANT.

Cette espèce est fort rare. Je l'ai prise dans la même localité que l'*Agabus Solieri*, entre Vernet-les-Bains et Castell.

Sa couleur d'un roux brillant, uniforme en dessus, le fait distinguer, à première vue, de tous les Hydropores. Cette couleur passe au roux brunâtre, quelque temps après la mort de l'insecte. Il est très-plat; le corselet est aussi large, à sa base, que les élytres, ce qui lui donne la forme d'un parallélogramme.

12. Hydro. depressus, Fabr.

13. Hydro. balensis, Fabr.

14. Hydro. Cerisyi, Aubé.

15. Hydro. canaliculatus, Lac.

Trouvé à Prades, par M. Jacquelin Du Val.

16. Hydro. confluens, Fabr.

17. Hydro. parallelográmmus, Ahrens.

18. Hydro. vestitus (spec. nov.) L. Fairmaire.

Ovalis, depressiusculus, tenuiter punctulatus, niger pubecinereo dense vestitus; thoracis lateribus rotundatis, basi subroctis, disco convexo, utrinque leviter depresso; elytris apice parum attenuatis.—Long. 4 1/2 m.

Ovalaire, peu allongé, peu convexe, noir, couvert, sauf la tête, d'une pubescence cendrée très-serrée, à ponctuation extrêmement fine. Tête d'un noir mat, assez finement, mais très-densément rugueuse. Ressemble extrêmement à l'*Opatrinus*, mais les côtés du corselet ne sont pas autant arrondis; le corps est un peu plus court, la ponctuation très-fine, les élytres sont moins convexes et moins atténuées en arrière.

1. Haliplus lineatus, Aubé.

2. Hali. flavicollis, Sturm.

1. Cnemidotus cæsus, Duft.

1. Gyrinus nitens, Suff.

1. Hydrous flavipes, Stéven.

Cet insecte, regardé comme rare, est, au contraire, très-commun lorsqu'on connaît son habitat. Il se trouve sur le bord des marais salants, enfoui à quelques centimètres dans le sable que vient de quitter l'eau. Chaque petit monticule que l'on distingue facilement sur le sable uni renferme un *Hydrous flavipes*.

1. Hydrobius oblongus, HERBST.

2. Hydro. bicolor, PAYK.

3. Hydro. æneus, GERM.

1. Philydrus marginellus, FABR.

2. Phi. melanocephalus, OLIV.

3. Phi. lividus, FORST.

1. Laccobius minutus, L.

1. Berosus spinosus, STÉV.

2. Ber. affinis, BRULLÉ.

1. Limnebius papposus, MULS.

2. Lim. nitidus, MARSH.

1. Cyllidium seminulum, PAYK.

1. Helophorus dorsalis, MARSH.

2. Helo. aquaticus, L.

3. Helo. granularis, L.

4. Helo. glacialis, VILL.

Cette espèce se trouve dans les lacs du Canigou.

5. Helo. fracticostis (spec. nov.) L. FAIRMAIRE.

Ovatus, testaceo-griseus, prothorace quinque sulcato, lateribus postice sinuatis; elytris nigro-plagiatis, interstitiis alternis costatis, costa prima antice late interrupta.—Long. 3 à 3 ½ millim.

Ressemble extrêmement à l'*H. nubilus*, mais en diffère, au premier coup-d'œil, par la première côte fortement interrompue vers le cinquième antérieur; la deuxième côte est entière, mais la troisième et la quatrième sont aussi largement interrompues; la première vers le milieu, l'autre vers l'épaule; la troisième paraît même quelquefois presque entièrement effacée; la ponctuation des intervalles est un peu plus forte et les taches noires sont ordinairement plus larges; les côtes sont un peu plus saillantes, surtout la deuxième.

1. Hydrochus elongatus, FABR.
2. Hydro. angustatus. GERM.

1. Ochthebius exculptus, GERM.
2. Och. marinus, PAYK.
3. Och. pygmæus, FABR.
4. Och. bicolon, GERM.
5. Och. exaratus, MULS.
6. Och. pellucidus, MULS.
7. Och. difficilis, MULS.
8. Och. punctatus, STEPH.

1. Hydræna testacea, CURTIS.
2. Hydr. riparia, KUGELANN.
3. Hydr. curta, KIESENW.
Trouvée dans la mousse humide par V. Kiesenwetter.
4. Hydr. angustata, MULS.
A Vernet-les-Bains.
5. Hydr. flavipes, STURM.

1. Cercyon obsoletum, GYLL.
2. Cer. laterale, MARSH.
3. Cer. hæmorrhoum, GYLL.
4. Cer. anale, PAYK.
5. Cer. pygmæum, ILLIG.

6. Cer. melanocephalum, L.

7. Cer. quisquilium, L.

8. Cer. flavipes, FABR.

1. Megasternum boletophagum, MARSH.
Se trouve dans les bolets.

1. Cryptopleurum atomarium, FABR.
Dans les champignons et les fientes, aux régions alpines surtout.

HISTÉRIDES.

1. Hister inæqualis, OLIV.

Je crois devoir donner quelques détails sur cet insecte
quoique M. Companyo l'ait déjà indiqué comme apparte-
nant aux Pyrénées-Orientales.

Cet Hister, beaucoup plus convexe, plus ovale que l'*H.*
major, s'en distingue encore par l'absence presque com-
plète de poils autour du corselet; ils sont noirs, tandis
qu'ils sont jaunes chez l'autre espèce. La mandibule
gauche est beaucoup plus longue que la droite, d'où lui
vient son nom d'*Inæqualis*.

L'on prend cet insecte en plaçant des petits animaux
morts, tels que chats, oiseaux, rats, dans des endroits
bien exposés au soleil et privés de toute végétation.
L'*H. major*, au contraire ne se nourrit que de végétaux
pourris; on le prend assez communément dans les plate-
bandes composées de terreau.

2. His. 4 maculatus, L.; variété *Gagates*, ILLIG.

Cette variété qui se trouve dans les mêmes endroits
que le type, c'est-à-dire sous les plantes pourries, s'en
distingue par l'absence totale de la couleur rouge sur le
bord extérieur du sommet des élytres.

3. His. Græcus, Brullé.

Plus petit que l'*Hister major*. Même forme de corps.
Il s'en distingue facilement par l'absence de cils autour
du corselet; il est beaucoup plus bombé que le *Gagates;*
le pygidium est fortement ponctué.

4. His. neglectus, Germ.

Se trouve sous les détritus des jardins, en compagnie du
Stercorarius, auquel il ressemble beaucoup; il est plus convexe
et plus grand.

5. His. ignobilis, De Marseul.

Dans les petits cadavres, pendant les fortes chaleurs.

6. His. ventralis, De Marseul.

Dans les détritus et dans les bouses.

7. His. prætermissus, Peyron, et De Marseul, *Monographie des Histérides.*

M. Peyron a découvert cette espèce au bord de l'étang
de Berre, sous une pierre, non loin de Rognac. J'ai pris
le seul exemplaire que je possède dans le tronc d'un saule,
près de la citadelle de Perpignan.

Cet insecte étant très-rare, j'en donne la description,
d'après la *Monographie des Histérides* de M. De Marseul.

Ovalis, convexiusculus, niger nitidus; ore antennis que rufis, fronte
stria integra antice recta; pronoto stria laterali unica haud interrupta;
elytris margine inflexo rugoso bisulcato, striis sub humerali nulla, dorsalibus 1—4 integris, 5ª in medio, suturali ultra abbreviatis; propygidio
bifoveolato pygidio que dense æqualiter punctatis; mesosterno antice
recto marginato; tibiis anticis 4- denticulatis. — Long. 5 ½ millim.;
larg 3 ⅔ millim.

Ovale, assez convexe, noir luisant, imponctué sur la tête, le
pronotum et les élytres. Palpes et antennes roussâtres. Front
élargi, assez plan, avec de légères traces d'une paire de fossettes
en devant, entouré d'une strie semi-circulaire entière bien mar-

quée, un peu sinuée de chaque côté, droite en devant. Pronotum court, arqué à la base, avec les angles droits et les parapleures à peine visibles, arrondi sur les côtés, échancré et rétréci en devant, avec les angles abaissés, assez saillants et peu aigus; strie marginale bien visible, interrompue au niveau des yeux, latérale interne unique, entière, forte et parallèle au bord externe. Écusson triangulaire, petit. Élytres, une fois et demie plus longues que le pronotum, de sa largeur à la base, un peu dilatées à l'épaule, rétrécies et droites au bout; stries subhumérales nulles, 1—4 dorsales entières, bien marquées, surtout les première et troisième, parallèles, seulement celle-ci un peu coudée, les autres raccourcies; cinquième, n'atteignant pas le milieu, suturale la dépassant en devant, mais commençant plus loin du bord postérieur; bord infléchi, marqué d'une fossette peu profonde, rugueuse, bisillonnée. Propygidium bifovéolé assez densément, également et distinctement ponctué, ainsi que le pygidium. Prosternum droit à la base, rétréci, court, avec une mentonnière peu avancée; fossettes antérieures faibles. Mésosternum droit en devant, bordé d'une strie entière. Pattes d'un noir de poix. Jambes courtes, en triangle assez large, antérieures, garnies de quatre denticules, apicale bifide; postérieures, d'un double rang d'épines serrées.

Cette espèce se place auprès du *Hister corvinus*, avec lequel elle a les plus grands rapports. Elle est plus grande, son bord subinfléchi est ponctué rugueusement; son propygidium est bifovéolé et plus densément et également ponctué, ainsi que le pygidium.

1. Carcinops corpusculus, De Mars.

Se trouve sous les pierres en février et mars, avec l'*Omias Companyonis*, Schn..

2. Car. pumilio, Er.

Sous les cadavres et plus rarement dans les plaies des arbres.

1. Paromalus parallelipipedus, Herbst.

2. Paror flavicornis, HERBST.

Petits Histérides assez plats et cylindriques, se trouvant sous les écorces et dans le tronc des arbres pourris.

1. Saprinus detersus, ILLIG.

2. Sa. subnitidus, DE MARS.

Ressemble beaucoup au *Nitidulus*, PAYK, mais il est plus petit, plus finement et densément ponctué. Son prosternum est tout-à-fait cylindrique.

Ce caractère le fait facilement distinguer du *Nitidulus*.

3. Sa. furvus, ER.

4. Sa. chalcites, ILLIG.

5. Sa. biterrensis (spec. nov.) DE MARSEUL.

Ovalis, convexus, nigro-brunneus, nitidus; fronte rugosa stria inter-rupta; pronoto punctato, lateribus rugoso; stria marginali tenui integra; elytris dimidio posteriori parce punctato; stria suturali basi abbreviata per apicem cum marginali continuata, subhumerali externa basali, interna humerali juncta, dorsalibus 1—4 ultra medium productis, 4ª basi arcuata, pygidio sat dense punctato; prosterno angusto utriuque vix dilato, striis subparallelis; mesosterno marginato extus punctato; tibiis anticis dense crenatis, posticis biseriatim spinosis.—Long. 4 $\frac{1}{2}$ millim.; larg. 3 millim.

Ovale, convexe, d'un brun de poix luisant. Antennes brunes. Tête rugueusement ponctuée; front presque plan, arrondi, trans-verse, entouré d'une strie interrompue. Épistome rétréci. Labre arrondi, sinué, Mandibules épaisses, courbées en pointe au bout. Pronotum beaucoup plus large que long, largement bisinué et avancé au milieu à la base avec les angles prononcés; courbé sur les côtés, rétréci et échancré en devant avec les angles ar-rondis; couvert de points espacés, fins sur le milieu, plus gros dans le pourtour et largement rugueux le long des côtés, qui sont également impressionnés; strie marginale fine entière. Écusson ponctiforme. Parapleures visibles. Élytres une fois et demie plus longues que le pronotum, de sa largeur à la base, à peine dila-tées à l'épaule, rétrécies et coupées droit au bout, avec les angles arrondis, ponctuation forte, espacée, inégale, occupant plus de la moitié postérieure; bord infléchi ponctué, avec deux stries, dont l'externe se continue le long du bord apical avec la suturale, qui ne remonte pas jusqu'à la base; subhumérale externe courte basale séparée; interne réunie à l'humérale et formant avec elle comme une forte strie dorsale presque sans coude et très-longue; dorsales fortes, parallèles, crénelées, dépassant le milieu, toutes à peu près d'égale longueur; quatrième arquée vers l'écusson. Propigidium court, arqué, densément ponctué. Pygidium en triangle allongé, à sommet bombé et arrondi, incliné, couvert de points assez forts et assez serrés. Prosternum assez étroit, pointillé, à peine concave dans le sens de la longueur, dilaté et coupé droit à la base; stries fines presque parallèles, se rejoignant en devant sans s'être écartées. Mesosternum sinué, bordé d'une strie entière, ponctué latéralement. Pattes brunes; jambes antérieures dilatées et arrondies, garnies de dix petites crénelures environ; postérieures, de deux rangs d'épines.

J'ai trouvé cette espèce dans les environs de Béziers (Hérault), en juillet et août; je l'ai prise de nouveau tout près de Perpignan. Elle se trouve sur les serpents et les lézards morts.

6. Sa. æmulus, Illig.

7. Sa. granarius, Er.

8. Sa. conjungens, Payk.

9. Sa. crassipes, Er.

10. Sa. grossipes, De Marseul.

11. Sa. Pelleti (spec. nov.) De Marseul.

Ovalis oblongus, convexiusculus, æneus nitidus, fronte carinata obscure angulatim bisulcata, rugosa, pronoto marginato rugoso, dorso postico lævi; elytris dense rugosis, spatio brevi scutellari polito, striis 1—4 dorsalibus distinctis sensim brevioribus, 4ª cum suturali integra coëunte; subhumerali externa nulla, interna disjuncta; pygidio dense punctato; prosterno concavo, striis subparallelis haud connexis, sulco externo completo; mesosterno marginato parce punctato; tibiis anticis 6- densatis, posticis biseriatim spinosis. —Long. 4 millim.; larg. 2 3/4 millim.

Ovale, oblong, assez convexe et épais, d'un bronzé doré obscur.
Antennes brunes. Front transverse, peu convexe, entouré d'une
forte carène et d'une strie postérieure, rugueux et ridé, avec
deux chevrons peu nettement marqués, le vertex presque lisse.
Epistome rétréci, concave, ponctué, brusquement séparé du
front. Pronotum court, large, bisinué à la base, avec les trois
angles obtus; presque droit d'abord sur les côtés, puis arrondi
antérieurement, rétréci et échancré en devant avec les angles
abaissés à peine marqués; couvert de points serrés rugueux, en
stries obliques, un peu déprimé latéralement, avec un large
espace dorsal triangulaire lisse et luisant, occupant à peine la
moitié postérieure, accosté de chaque côté d'un étroit espace mal
limité, échancré au devant de l'écusson par une ponctuation plus
étendue; strie marginale forte, entière. Écusson très-petit, triangulaire. Élytres deux fois aussi longues que le pronotum, de sa
largeur à la base, saillantes à l'épaule, rétrécies et coupées droit
au bout avec l'angle externe arrondi; couvertes d'une ponctuation serrée, rugueuse, assez forte, laissant à nu l'épaule, et un
petit espace plus long que large, occupant le tiers de la base du
quatrième interstrie, limité par l'arc de jonction des quatrième
dorsale et suturale; bord infléchi lisse, luisant; marginale interne
formant un fort sillon crénelé, suivant le bord apical et allant
rejoindre la suturale qui est entière; subhumérale externe indis-
tincte, interne sinueuse, forte, disjointe; humérale oblique,
géminée; dorsales bien marquées, parallèles, raccourcies, première un peu avant les deux tiers, 2-4 successivement plus
courtes. Propygidium court, transverse, convexe, densément
ponctué. Pygidium rabattu, en demi-cercle allongé, bombé, à
sommet obtus et à ponctuation également serrée et forte. Prosternum concave longitudinalement, un peu dilaté et sinué à la
base, terminé en pointe obtuse en devant; stries fortes bientôt
parallèles, cessant brusquement un peu avant le bout et entourées
par la strie externe réunie en devant. Mésosternum subsinué,
fortement rebordé avec de gros points écartés. Pattes brunes;
jambes antérieures en triangle, munies de six dents épineuses,
2-4 beaucoup plus fortes que les autres; postérieures garnies de
deux rangs de longues épines mousses et ciliées.

Cette espèce se distingue du *Sa. apricarius* par les

chevrons frontaux perdus dans la rugosité et la ponctuation des élytres moins serrée et moins rugueuse,
envahissant à peine les interstries et l'espace scutellaire
mal défini.

J'ai découvert cet insecte, en août, aux environs de
Béziers. J'en ai pris un seul exemplaire sur la plage de
Canet, sous un lézard mort.

12. Sa. rugifrons, PAYK.

13. Sa. apricarius, ER.

14. Sa. dimidiatus, ILLIG.

Nous avons indiqué un certain nombre d'Histers comme
se trouvant sous les pierres, dans les détritus et les troncs
d'arbres. Les Sapriniens se trouvent tous dans les animaux
morts; parmi eux le *Maculatus*, l'*Algericus*, le *Bitterensis*,
le *Pelleti* fréquentent de préférence les serpents et les lézards crevés.

1. Ontiophilus exaratus, ILLIG.

Habite les fientes.

SILPHIDES.

1. Necrophorus vestigator, HERSCHEL.

1. Silpha dispar, HERBST.

2. Sil. opaca, L.

Les Nécrophores se rencontrent dans les animaux morts.
La dénomination de *Fossor*, donnée par Érichson à une des
espèces la plus rare du genre, peut s'appliquer à tous les
Nécrophores. — Ces insectes sont, en effet, de vrais fos-
soyeurs.

Les petits cadavres, tels que ceux des rats, des taupes,
sont enfouis très-lestement par cinq ou six d'entre eux.

Ils fouillent la terre autour et disparaissent en un instant; l'on voit alors le cadavre ballotté en tous sens descendre à vue d'œil. Lorsqu'il commence à être ras-de-terre, un ou deux Nécrophores se présentent tout à coup, font une rapide inspection et disparaissent aussitôt; quelques heures après la terre recouvre le tout.

Si vous n'aviez été témoin de l'inhumation, vous passeriez sans soupçonner la présence de ce bel insecte auprès de vous.

J'avais lu, dans la *Faune Entomologique Française,* par MM. L. Fairmaire et le docteur A. Laboulbène, que les Nécrophores déplacent l'animal mort lorsqu'il se trouve sur un sol trop difficile à fouir; je voulus m'assurer si leur nom de *porte-mort* était vrai; je plaçai, un matin, le corps faisandé d'une taupe dans un bol, et je revins dans l'après-midi. Ainsi que je m'y attendais, six à sept *Necrophorus interruptus,* Brullé, étaient dans le bol et faisaient de vains efforts pour jeter la taupe dehors. Je la plaçai au centre d'un espace que j'avais fortement piétiné; je fis glisser les Nécrophores auprès; tous se mirent immédiatement à l'œuvre, en plaçant la tête et le corselet sous le cadavre. Bientôt chacun prit la place de son voisin, pensant trouver un travail plus facile. Dès qu'ils s'aperçurent que c'était peine perdue, ils se glissèrent sous la taupe; je fus un instant tout yeux. La taupe, couchée sur le ventre partit la queue la première. Au bout d'un instant, je ne pus y tenir et voulus voir dans quel ordre marchaient les porteurs; je retournai vivement la taupe: ils étaient sur deux lignes, trois devant, quatre derrière. Leur premier mouvement de stupeur passé, ils revinrent sous le cadavre, le traînèrent encore quelques centimètres plus loin, s'aperçurent, sans doute au toucher, que la terre était meuble, et la taupe resta tout au plus une heure à disparaître.

Je ne crois pas que ce soit uniquement pour pondre

leurs œufs dans les animaux morts que les Nécrophores les enterrent; j'ai, souvent, et même presque toujours trouvé des mâles dans les petites fosses. Il est probable que les femelles, fécondées ou non, sont attirées, ainsi que les mâles, par l'odeur, et que, leur travail terminé, l'accouplement a lieu.

1. Choleva angustata, FABR.

2. Cho. grandicollis, ER.

3. Cho. fusca, PAUZ.

4. Cho. anisotomoïdes, SPENCE.

5. Cho. sericea, PAUZ.

6. Cho. Sturmii (spec. nov.) CHARLES BRIZOUT.

Oblonga picea: thorace minus dense subtiliter que punctato, ante medium latiore, angulis posticis obtusiusculis, marginibus et angulis posticis dilatioribus; elytris elongatis, substriatis, rufo-ferrugineis, mas, trochanteribus posticis simplicibus; femoribus posticis versus basin dentatis. — Long. 5 millim.

Allongé, d'un marron clair, plus obscur sur la tête et le disque du corselet, couvert d'une fine pubescence jaunâtre. Antennes plus longues que la moitié du corps, d'un testacé ferrugineux, 2-6 allongés linéaires, le troisième presque deux fois plus long que le deuxième, 7-10 oblongs, s'élargissant peu-à-peu vers le sommet, le huitième un peu plus court et un peu plus étroit que les voisins, le dernier très-acuminé, plus long que le précédent; palpes et bouche d'un testacé ferrugineux. Tête comme chez l'*Angustatus*. Corselet un peu plus élargi sur les côtés que chez l'*Angustatus*, avec une impression ovalaire longitudinale de chaque côté de la base, plus distincte; du reste semblable. Élytres encore plus allongées que chez l'*Angustatus*, striées et ponctuées de même. Abdomen et poitrine d'un brun noirâtre avec l'extrémité de l'abdomen plus ou moins ferrugineux.

Mâle, tarses antérieurs fortement dilatés, tibias intermédiaires très-légèrement courbés, hanches postérieures courtes et simples, cuisses postérieures distinctement armées d'une petite dent avant le milieu de leur côté interne; les deuxième, troisième, quatrième segments de l'abdomen avec une impression légère, longitudinale dans leur milieu. Femelle inconnue.

Cette espèce a été confondue par Sturm avec l'*Angustatus,* il a cru à deux formes différentes de mâle dans la même espèce.

L'*Angustatus* mâle présente une profonde fossette sur le milieu des 3—5 segments de l'abdomen, ses hanches postérieures sont assez courtes et terminées postérieurement en pointe aiguë, avec une petite saillie anguleuse au côté interne. Femelle, extrémités des élytres toujours terminées par une petite épine.

Le *Cisteloïdes* mâle présente sur le milieu des 2—5 segments de l'abdomen une légère impression longitudinale. Ses hanches postérieures sont courtes, terminées en pointe à l'extrémité et armées, au côté interne, d'une épine aiguë, courbée extérieurement.

L'*Intermedius* mâle présente une légère impression sur le milieu des quatrième et cinquième segments de l'abdomen; ses hanches postérieures sont longues, étroites à la base, dilatées avant le sommet, avec le côté interne arrondi, coupées obliquement à l'extrémité, qui est obtusément acuminée; la hanche est plus ou moins courbée en dessous en forme de cornet. Femelle, extrémité des élytres arrondies, sans épine.

Le *Spadiceus* mâle présente sur le milieu du cinquième segment abdominal une fossette assez large et assez profonde; les hanches postérieures sont simples. Femelle, extrémité des élytres arrondies, sans épine.

Chez toutes ces espèces, les tibias intermédiaires des mâles sont sensiblement courbés, et le dernier segment abdominal est distinctement échancré à son extrémité.

Le *Sturmii* se trouve rarement aux environs de Paris; il a aussi été trouvé à Collioure par Ch. Delarouzée.

1. Adelops Schiædtei, Kiesenw.

Trouvé à La Preste, sous les feuilles sèches, par V. Kiesenwetter.

2. Ade. Delarouzei (spec. nov.) L. Fairmaire.

Long. 1 à 1 ½ millim. — Ovatus, brunneo-rufus, sat nitidus, fulvo-
sericans, convexus, antennis apice sensim incrassatis, dimidio corpore
paulo brevioribus, articulis 3 primis elongatis, subæqualibus; 2°, 3° paulo
crassiore, antennis palpis pedibusque rufo testaceis; prothorace antice an-
gustato, angulis posticis subacutis, elytris ovatis, tenuissime strigosulis,
stria suturali profunda, integra, apice obtuse rotundato.

Trouvé dans la grotte del Pey (Pyrénées - Orientales), par
MM. Delarouzée et Grenier.

3. Ade. Bruckii (spec. nov.) L. Fairmaire.

Ovatus, posticè attenuatus, modicè convexus, rufo-testaceus nitidus
griseo-pubescens, elytris posticè sensim attenuatis, lateribus evidentius
marginatis, transversim sat fortiter strigosis, stria suturali impressa.—
Long. 1 ⅔ millim.

Ressemble extrêmement à l'*Ade. Delarouzei ;* en diffère
par la forme beaucoup moins convexe, les élytres plus atténuées et presque, dès la base, moins ovalaires, un peu plus
distinctement rebordées, à strigosités transversales bien
plus fortes et à strie suturale un peu plus enfoncée.

Trouvé dans une grotte, près de La Preste, par M. Émile V.
Bruck.

4. Ade. Bonvouloiri (spec. nov.) J. Du Val.

Trouvé dans la grotte de Villefranche.

1. Anisotoma dubia, Panz.

1. Cyrtusa minuta, Ahr.

1. Leiodes humeralis, Far.

1. Catopsimorphus Fairmairei (spec. nov.) Ch. Dela-rouzée.

Long. 2 ¹/₃ à 3 millim. — Ovale oblong, noir-brunâtre assez brillant, couvert d'une pubescence grise, jaunâtre sous un certain jour, fine, courte, serrée.

Tête large, légèrement convexe, fortement ponctuée. Antennes atteignant la base du corselet, médiocrement épaisses, comprimées, de couleur brune, plus pâles à la base, extrémité du dernier article grisâtre. Corselet large, court, rétréci en avant, côtés légèrement arrondis, base sensiblement sinuée, angles postérieurs arrondis embrassant la base des élytres; ponctuation forte, rugueuse, confluente, comme celle des élytres. Écusson en triangle allongé, fortement ponctué. Élytres peu rétrécies en arrière, presque tronquées à l'extrémité, finement rebordées, ponctuées comme le corselet, mais un peu plus fortement; brun rougeâtre, suture et extrémité noirâtre; quelques fois la couleur noire domine, et alors l'élytre n'a qu'une tache humérale de couleur marron. Strie suturale bien marquée. Mésosternum non caréné. Pattes brunes, jointures et tarses jaunâtres.

♂, forme un peu large, plus courte, tête plus petite, plus bombée, tibias intermédiaires arqués. ♀, forme plus allongée, tibias intermédiaires presque droits.

Trouvé par M. Delarouzée, à Collioure le 10 mars 1860, sous une pierre, en compagnie de fourmis noires de taille moyenne.

J'ai cru devoir donner la description de cette espèce, quoique citée dans l'ouvrage du Docteur Companyo, parce qu'elle est fort rare. Je l'ai prise, en mars 1866, aux environs de Collioure, toujours en compagnie des fourmis noires dont parle M. Delarouzée.

2. Catop. Josephinæ (spec. nov.) De Saulcy.

Long. 3 millim. — Ovato-oblongus, niger, nitidus, parce fortiusque punctatus, fusco pubescens, palpis, antennis filiformibus pedibusque brunneis, elytris testaceis, apice nigris, nitidis substriatis. — Habitat sub lapidibus cum Attis, in montibus Alberas, propè Portum-Veneris.

Ovale oblong, noir, brillant. Antennes d'un brun noir, filiformes, plus longues que la tête et le corselet réunis, insensiblement

3

épaissies au sommet, non comprimées, à articles non serrés, les premiers oblongs, les avant-derniers presque carrés; huitième carré, plus étroit et un peu plus court que les contigus ; onzième de la longueur des deux précédents, obliquement acuminé. Les antennes rappellent celles du *Catop. fuscus*. Palpes bruns. Tête grande, noire, lisse; une faible impression au milieu du front. Corselet noir, court, deux fois plus large que long, bien plus rétréci en avant qu'en arrière ; la plus grande largeur aux deux tiers postérieurs ; bord antérieur droit, angles antérieurs très-obtus et arrondis, côtés droits jusqu'à la plus grande largeur, et depuis ce point fortement arrondis jusqu'aux angles postérieurs qui sont obtus ; base bisinuée; surface luisante, à ponctuation rare et fine, devenant forte et dense aux angles postérieurs vers lesquels se trouve une grande impression assez marquée; pubescence fauve et peu serrée. Écusson en triangle allongé, noir, densément ponctué. Élytres testacées, luisantes, presque parallèles, à stries obsolètes assez senties ; extrémité noire ; chaque élytre arrondie séparément au sommet; ponctuation très-forte et peu serrée ; pubescence fauve, peu serrée et couchée; çà et là, de grands poils jaunes, droits. Abdomen, parties inférieures et cuisses noires. Jambes et tarses bruns.

♀, tarses simples, jambes intermédiaires droites. Une seule ♀ trouvée par M. de Saulcy, le 19 mars, sur le versant méridional du Col de Las Portas, près Port-Vendres, sous une pierre, avec des fourmis du genre *Atta*.

3. Catop. Rougeti (spec. nov.) DE SAULCY.
— Fairmairei ♀, DELAROUZÉE.

Long. 3 millim.—Elongato ovatus, subparallelus, subdepressus, brunneus, griseo pubescens, antennis nigris, capite, thorace, elytrorum suturâ apice que obscurioribus, tibiis intermediis ferè rectis.— Mas tarsis anterioribus leviter dilatatis.

D'un brun foncé ; élytres marron, à suture et extrémité largement noirâtres. Antennes entièrement noires, plus grêles et plus courtes que celles du *Fairmairei*. Pubescence fine et courte, grisâtre. Tête plus grande que celle du *Fairmairei*; corselet un peu rétréci à la base ; angles postérieurs émoussés. Forme plus déprimée, plus parallèle, plus allongée ; élytres moins dilatées au milieu, et moins arrondies sur les côtés. Fémurs intermédiaires à bord postérieur nu ; tibias intermédiaires presque droits, très-légèrement courbés en dedans vers le tiers antérieur.

Mâle, tarses antérieurs ayant les quatre premiers articles légèrement dilatés.

Le *Catop. Fairmairei* est plus bombé, moins parallèle ; les élytres sont plus arrondies sur les côtés ; leur plus grande largeur est au tiers antérieur. Son corselet est dilaté à la base ; à angles postérieurs presque aigus. La forme est à peu près celle du *Pilosus*, dont le corselet est moins dilaté à la base. Les antennes sont de la longueur et de la forme de celles du *Pilosus*, noirâtres, à base rougeâtre. Les fémurs intermédiaires ont le bord postérieur garni de poils jaunes faisant brosse ; les tibias intermédiaires sont légèrement courbés vers les deux tiers. Le mâle a les quatre premiers articles des tarses antérieurs légèrement dilatés.

Le *Catop. Marqueti* a les fémurs intermédiaires nus et les tibias intermédiaires à peu près droits. Le mâle a les quatre premiers articles des tarses antérieurs légèrement dilatés ; ces mêmes articles sont épais et fortement comprimés chez la femelle. Cette espèce, du reste, se distingue facilement à sa forme convexe et à la brièveté de ses pattes et de ses antennes.

On remarquera que ces trois espèces n'ont pas du tout les mêmes caractères sexuels que le *Pilosus*, si bien décrit par M. Rouget ; la courbure des tibias intermédiaires et les épines trochantérienne et abdominale font défaut à ces espèces, qui n'ont pas non plus la pubescence forte et longue du *Pilosus*.

Le *Catop. Rougeti* se trouve à Collioure et à Port-Vendres, en compagnie du *Fairmairei*, du *Marqueti* et du rarissime *Josephinæ*, dans les fourmilières de la même espèce d'*Atta*.

4. Catop. Marqueti (spec. nov.) L. Fairmaire.

Long. 2 ²/₃ millim. — Subovalis, sat convexus, brunneo-niger, sat nitidus, elytris castaneis, pube fulvâ, densâ, brevi, obtectus; antennis brevibus, crassis, articulis ferè connatis.

Ovalaire peu atténué en arrière, assez convexe. D'un brun noir assez brillant, avec les élytres d'un marron un peu roussâtre, enfumées à l'extrémité; couvert d'une pubescence roussâtre, fine, courte, serrée, égale. Tête large, légèrement convexe. unie, à ponctuation très-fine comme le corselet. Antennes de même couleur que les élytres et les pattes, plus obscures à la base, comprimées, un peu fusiformes, courtes, à articles larges et serrés. Corselet deux fois aussi large que long, rétréci en avant; côtés légèrement arrondis; bord postérieur légèrement sinué de chaque côté, embrassant un peu la base des élytres. Écusson en triangle allongé, noir et ponctué comme le corselet. Élytres légèrement rétrécies en arrière, finement rebordées sur les côtés, fortement arrondies à l'extrémité; à ponctuation plus forte que celle du corselet, très-serrée, égale; à vestiges de stries peu distinctes, la suturale assez marquée. Tarses grêles, ♀.

Cette espèce, découverte par M. Marquet, de Béziers, se trouve à Collioure et dans les environs, avec les fourmis noires.

Premier printemps.

1. Agathidium nigripenne, Fabr.

Un seul exemplaire, pris sous l'écorce d'un pin.

2. Aga. Badium, Er.

3. Aga. mandibulare, Sturm.

1. Sphærius, acaroïdes, Walt.

Se trouve dans les détritus.

1. Nossidium pilosellum, Marsh.

Dans les racines pourries.

1. Trichopteryx fascicularis, Gillm.

Habite les feuilles mortes, dans les endroits humides.

1. Ptilium minutissimum, GYLL.

1. Ptenidium apicale, ER.

1. Cephennium Kiesenwetteri, AUBÉ.

1. Scydmænus scutellaris, MULLER et KUNZE.

2. Scyd. cordicollis, KIESENWETTER.
Trouvé et décrit par V. Kiesenwetter.

3. Scyd. elongatulus, MULL.

4. Scyd. Schiædtei, KIESENW.
Trouvé à Prats-de-Molló, sous les feuilles mortes, par V. Kiesenwetter.

5. Scyd. Ferrarii, KIESENW.
Trouvé avec le précédent, par V. Kiesenwetter.

6. Scyd. Læwii, KIESENW.

7. Scyd. hirticollis, GYLL.
Trouvé à Perpignan, par V. Kiesenwetter.

8. Scyd. Wetterhall, GYLL.
Je l'ai pris dans les fossés des fortifications, porte Saint-Martin.

9. Scyd. intrusus, SCHAUM.
Très-commun sur les bords de l'étang du Cagarell.

10. Scyd. tarsatus, MULLER et KUNZE.
Dans les endroits humides.

11. Scyd. Raymondi — Stirps I. Schaum (spec. nov.
DE SAULCY.

Brunneo-niger, parum densè punctatus, nitidus; pube sparsâ brevique; capite thoraci immerso, thorace cordato, basi sex foveolato, elytrorum humeris angulatis, basi bifoveolatâ, lateribus angulatim rotundatis, apice paululum dehiscente, separatim rotundato, summum abdomen detegente. —Long. 1 millim.

Rare espèce, voisine du *Scutellaris*, beaucoup plus petite, reconnaissable, au premier coup-d'œil, à ses épaules anguleuses et à ses élytres anguleusement arrondies au milieu sur les côtés, laissant voir l'extrémité de l'abdomen à sa pubescence grise, rare et courte, et à la ponctuation des élytres, forte et peu serrée.

Tête lisse, d'un brun foncé. Corselet cordiforme, aussi long que large, finement et peu densément ponctué, à pubescence plus serrée que sur les élytres, à peine plus large que la tête, d'un brun foncé; base marquée de chaque côté de trois fossettes, l'interne ronde, la médiane transversale et l'externe longitudinale. Écusson peu élevé. Élytres noires, très-brillantes, à base plus large que la plus grande largeur du corselet (le milieu est presque deux fois aussi large); chacune d'elles arrondie séparément au sommet, et ayant à la base deux fossettes courtes, l'interne plus large. Antennes, pattes et palpes testacés. Antennes grossissant à peine et peu à peu au sommet. Mâle, fémurs antérieurs obtusément dilatés en dessus.

Il se trouve dans les environs de Port-Vendres.

12. Scyd Linderi — Stirps III. Schaum (spec. nov.) De Saulcy.

Rufus, nitidus, fortiter punctatus, pube sat densâ longâque; capite à thorace sejuncto; thorace cordato, basi quadrifoveolato transversim que sulcato; elytris basi unifoveolatis, medio sat dilatatis, elongatis. —Long. $^{3}/_{4}$ millim.

Jolie petite espèce facilement reconnaissable à sa forme allongée, à ses antennes fort grosses à l'extrémité, et à son corselet de même largeur que la tête.

Tête lisse, séparée du Corselet par un col étroit; antennes à grosse massue de quatre articles. Corselet cordiforme, plus long

que large, à pubescence grise hérissée, marquée à la base d'un
sillon transversal allant joindre de chaque côté une grande fossette ronde et un petit sillon longitudinal court. Élytres à base
pas plus large que celle du corselet, deux fois aussi larges que
ce dernier au milieu ; chacune ayant à la base une grande fossette.
Ponctuation et pubescence fortes, en lignes assez régulières.
Cuisses claviformes. Antennes, palpes et pattes plus clairs.

Trouvé par M. Linder, dans les montagnes de Cosprous, près
de Port-Vendres.

M. De Saulcy rectifie ainsi sa description du *Scydm.*
Linderi, 655, année 1863 des *Annales :* « Dans la dia-
« gnose latine, j'ai mis : *Fortiter punctatus,* et dans la
« description française : *Ponctuation et pubescence fortes,*
« *presque en lignes.* Or les élytres, qui sont à peu près
« lisses, offrent seulement à la base de chaque poil une
« dépression assez large et très-peu profonde. Je crois
« donc que j'étais éclairé par un mauvais jour quand j'ai
« fait cette description. »

13. Scyd. chrysocomus (spec. nov.) DE SAULCY.

Long. 1 ½ millim. — Brunneus, lævis, ellipticus; antennæ validæ,
quatuor ultimis abruptè clavatis. Caput rotundatum à thorace sejunctum,
postice pube aureè pileatum. Thorax conicus, antice fortiter angustatus,
capitis latitudine, basi mediâ levissimè transversim impressus et utriuque
foveolà minimâ longitudinali notatus. Elytra ovata, ampliata, ad basin
thoracis basi latiora, unifoveolata.

Espèce voisine du *Scydmænus cornutus,* Saulcy. Même
taille, même couleur.

Tête et corselet plus petits que ceux du *Cornutus;* abdomen et
élytres plus grands. Tête noire, arrondie, séparée du corselet
par un col, garnie en arrière d'une pubescence dorée très-
épaisse. Clypeus et labre à peine sinués. Corselet noir, conique,
très-rétréci de la base en avant, bords rectilignes, base large
comme la tête; angles antérieurs obtus, les postérieurs aigus.
Base marquée au milieu d'une très-légère impression transversale et de chaque côté d'une petite fossette longitudinale. Elytres

brunes, très-grandes, larges, ovales, déprimées sur la suture, presque lisses, finement ponctuées, à ponctuation écartée, ayant chacune une grande fossette à la base. Pattes brunes; tibias postérieurs anguleusement coudés au tiers antérieur. Antennes de même couleur que les pattes, ressemblant à celles du *Cornutus;* articles 1 et 2 moins épais, 8, 9 et 10 plus courts et plus transversaux.

Un seul individu pris avec des fourmis sous une pierre, près de Cervera.

M. De Saulcy a trouvé également le *Scyd. cornutus* avec la *Myrmica barbara,* près de Collioure.

GEODYTES DE SAULCY (gen. nov.).

Cephennio vicinum, cæcum, apterum, angustius, antennis fortius clavatis, elytris summum abdomen detegentibus. Palpi ut in cephennio; mesosternum carinatum. Victus in terrà sub lapidibus magnis.

1. Geodytes cæcus (spec. nov.) DE SAULCY.

Long. $1/3$ millim. — Pallide testaceus, parallelus, sublævigatus; thorax elytrorum latitudine, antice dilatatum. Antennæ fortiter clavatæ; carina sternalis subnigra.

Insecte très-petit, de la taille du *Scydmœnus nanus,* d'un testacé pâle, et ressemblant assez au genre *Cephennium,* dont il diffère par la forme plus allongée, l'abdomen dépassant un peu les élytres, les antennes à massue bien plus épaisse, et le manque d'yeux. La carène du mésosternum est forte et noirâtre.

Dessus du corps à ponctuation et pubescence extrêmement fines. Tête très-petite, ayant de chaque côté, à la place des yeux, une pointe obtuse. Corselet ne se rétrécissant pas en avant comme chez les *Cephennium,* mais ayant sa plus grande largeur très-près du bord antérieur, et de là se rétrécissant en légère courbe jusqu'à la base; angles postérieurs marqués d'une fossette. Élytres plus de deux fois de la longueur du corselet, à base de même largeur que celle de ce dernier, s'élargissant légèrement

au quart antérieur, puis se rétrécissant insensiblement vers l'extrémité qui est un peu tronquée. Chacune d'elles marquée à la
base d'une fossette large et courte. Pattes comme chez les
Cephennium.

Un seul individu trouvé près de Banyuls, sous une grande pierre
profondément enterrée.

1. Trichonyx Barnevillei (spec. nov.) DE SAULCY.

Testaceus, elongatus, subparallelus, depressus, fulvopubescens, oculis
minimis, vix perspicuis.—Long. 1 $^2/_3$ millim.

Forme du *Trichonyx Mœrkelii,* plus petit, un peu plus
déprimé, couleur plus pâle, antennes plus grêles, pubescence un peu plus épaisse.

Tête marquée d'une impression en fer à cheval, dont les extrémités en arrière forment deux profondes fossettes. Yeux très-
petits, difficiles à voir, surtout en dessus. Corselet marqué d'un
sillon longitudinal et de trois fossettes à la base, réunies entre
elles par un large sillon; la médiane bien plus grande. Élytres
ayant le sillon huméral moins prononcé que chez le *Mœrkelii*:
épaules moins relevées. Abdomen allongé, semblable à celui du
Mœrkelii; pattes un peu plus longues et plus grêles que chez
cette dernière espèce.

Mâle, un petit tubercule au bord postérieur de l'avant-dernier
segment abdominal inférieur.

MM. De Saulcy et Linder ont trouvé ce remarquable *Trichonyx*
sous de grandes pierres à la montagne de Madeloc, près de
Collioure; M. Delarouzée avait déjà trouvé ce Psélaphien dans
les mêmes localités.

1. Pselaphus Heisei, HERBST.

Dans les prairies, au pied des saules.

2. Psel. longipalpis, KIESENW.

Se trouve dans la vallée du Tech, sous les mousses et les feuilles
sèches.

1. Bryaxis hæmoptera, AUBÉ.

Dans les détritus.

2. Bry. Schüppelii, AUBÉ.

Sur le bord des marais salants.

3. Bry. Helferi, SCHMIDT.

4. Bry. hæmatica, REICH.

5. Bry. impressa, PAUZ.

Au pied des saules, endroits humides.

1. Machærites Mariæ, J. DUVAL.

1. Bythinus Mulsanti, KIESENWETTER.

Trouvé près de La Preste, sous les feuilles sèches et dans la mousse, par V. Kiesenwetter.

2. By. massanæ (spec. nov.) DE SAULCY.

Lon. 1 ¹/₃ millim. Rufo-brunneus, nitidus, parcè punctatus, sublævis. MAS. Antennarum articulo 1⁰ globoso, intus ad medium, mucronato, 2⁰ securiformi, ad angulum anticum intus acuto, femoribus incrassatis, tibiis anticis dentatis.

Jolie espèce, voisine du *By. Mulsanti*, mais facile à en distinguer par sa taille beaucoup plus petite et par sa ponctuation très-rare.

La tête est à peu près lisse, tandis qu'elle est rugueusement ponctuée chez le *Mulsanti*. Le corselet, qui chez ce dernier est visiblement ponctué, est lisse dans notre espèce. Les élytres sont marquées d'une ponctuation très-rare et forte. L'abdomen est semblable à celui du *Mulsanti*, mais plus lisse.

Le mâle a les deux premiers articles des antennes dilatés; le premier plus épais et plus court que celui du *Mulsanti* mâle, et armé en dedans, au milieu, d'une apophyse bien plus longue que chez le *Mulsanti*; deuxième article de même forme que chez cette espèce, mais moins grand à proportion; reste des antennes semblables. Fémurs renflés et tibias antérieurs dentés comme chez le *Mulsanti* mâle.

- La femelle diffère de celle du *Mulsanti*, par la taille beaucoup plus petite et la ponctuation extrêmement rare, qui la fait paraître lisse.

Trouvé aux environs de la tour de la Massane.

3. By. cocles. (spec. nov.) DE SAULCY.

Testaceus, longior, fulvo-pubescens, parcè fortiter punctatus, oculis parvis, feminæ adhuc minoribus.
Mas antennarum art. 1º valdè incrassato, oblongo, intus obtusè producto; 2º ovato, incrassato, tibiis anticis muticis.—Long. 1 1/6 millim.

Espèce excessivement remarquable par sa forme allongée, et surtout la petitesse des yeux, qui sont encore plus petits chez la femelle.

Le dernier article des palpes maxillaires est plus long que dans les autres espèces, droit, à côtés parfaitement parallèles, arrondi à l'extrémité. Tête marquée comme chez les autres *Bythinus* de trois fossettes et d'un sillon sur le vertex. Antennes ayant le deuxième article en ovale légèrement allongé. Corselet lisse, marqué à la base d'un sillon transversal, arqué. Élytres courtes, étroites, marquées d'une ponctuation très-forte et très-peu serrée. Abdomen étroit, allongé, épais.

Mâles, premier article des antennes épais, oblong; obtusément denté au côté interne; deuxième article épais, oblong; jambes antérieures mutiques.

Trouvé par M. De Saulcy, sous de grandes pierres, à la montagne de Madeloc, près de Collioure.

4. By. Pyrenæus (spec. nov.) DE SAULCY.

Testaceus fulvo-pubescens, sat densè minus fortiter punctatus. Mas antennarum art. 1º valdè incrassato, rotundato, intus obtusè producto; 2º sphærico, incrassato; tibiis anticis muticis.—Long. 1 1/5 millim.

Cette petite espèce est d'un testacé rougeâtre, et ressemble, à première vue, à la précédente; mais la brièveté

des premiers articles des antennes, la largeur et la moindre longueur du corps, la grandeur des yeux, et la ponctuation plus serrée et moins forte l'en distingue très-
facilement.

Les palpes maxillaires sont comme chez les autres *Bythinus*,
ainsi que la tête. Le corselet est lisse, marqué à la base d'un
sillon transversal arqué. Les élytres sont marquées d'une ponctuation assez serrée et peu profonde. L'abdomen, comme chez ces
derniers, a la forme générale des espèces du genre. Le deuxième article des antennes est sphérique, peut-être même un peu
transversal.

Mâle, premier article des antennes épais, aussi large que long,
obtusément denté au côté interne; second article épais, court;
jambes antérieures mutiques.

M. De Saulcy a trouvé cette espèce au bord de la rivière de
Paulilles, sous des détritus; M. Bellevoye l'a prise de son côté
dans les montagnes du massif du Canigou.

5. By. hypogæus (spec. nov.) DE SAULCY.

Long. 1 ¹/₃ millim.—Rufus, subnitidus, fulvo-pubescens, facie, tuberculo frontali, elytris parallelis, formâ subdepressâ, tarsorumque unguiculis
minimis distinguendus. Caput tribus foveolis impressum, sulcatum, foveolâ
anteriore minore, in fine sulci positâ, duabus posterioribus lateralibus
majoribus; fronte rugosâ, tuberculo transverso valido notatâ; occipite
lævigato. Oculi parvi, parum promisculi. Antennæ in lateribus tuberculi
frontalis incertæ, pilis longioribus hirtæ, articulis 1° cylindrico 2° que
oblongo validis. Thorax lævis, basin versùs sulco arcuato fortiter impressus. Elytra subdepressa, pubescentia, parallela, ad basin thorace
sesquilatiora, haud posticè dilatata, obsoletè punctulata, striâ suturali
integrâ humeralique brevi notatâ. Abdomen pubescens, læve. Pedes, antennæ et palpi testacei. Tarsi unguiculo vix perspicuo, brevissimo obtu-
soque terminati.

Habitat montes Alberas ad Cervariam; degens in terrâ sub lapidibus
magnis; rarissimus.

Mon collègue et ami, M. Linder, a trouvé, entre Cervéra
et Banyuls, un seul exemplaire de ce curieux Psélaphien,
probablement ♀, autant que je puis en juger par la forme
cylindrique du premier article des antennes et la face infé-

rieure de l'abdomen. Les tibias antérieurs sont inermes. Le faciès de cet insecte s'éloigne fort de celui des autres espèces du genre *Bythinus*; la forme plus déprimée et les élytres larges à la base, à côtés parallèles, ne se dilatant pas vers l'extrémité, le rendent très-remarquable. Les yeux sont très-petits; le tubercule transversal antennifère est très-élevé, rugueux, ainsi que l'espace avoisinant; l'occiput est lisse, ainsi que le corselet et l'abdomen. Les élytres ont une ponctuation fine et obsolète, assez serrée; tout le corps est couvert d'une courte pubescence fauve. Les deux premiers articles des antennes offrent de très-longs poils; ceux situés sur les articles suivants sont plus fins et plus courts. Les tarses sont terminés par un seul crochet excessivement petit, difficile à voir, très-court et obtus: caractère remarquable que je n'ai vu chez aucun autre *Bythinus,* ni même chez aucun Psélaphien. Je puis cependant, sous le rapport proportionnel de la longueur, comparer cet onglé à ceux du *Leptomastax Delarouzei,* qui vit dans les mêmes conditions, sous d'énormes pierres profondément enterrées, dans les lieux incultes, ainsi que le *Trichonyx Barnevillei* et le *Bythinus cocles.*

1. Batrisus formicarius, Aubé.

Trouvé dans la mousse, au pied des vieux arbres.

1. Euplectus signatus, Reich.

Trouvé dans le tronc des arbres pourris.

1. Claviger Pouzaui (spec. nov.) De Saulcy.

Long. 2 mi'lim. à 2 millim. $^1/_4$.—Testaceus.—*C. Testaceo* primo visu similis, at notis maximis distinctus.—Corporis statura paulò angustior.—Caput paulò longius et angustius, lateribus minus rotundatis.—Thorax paulò longior, antrorsumque magis angustatus.—Antennæ longiores: art. 1° obtecto; 2° parvo globulari; 3°, 4°, 5° quæ inter se latitudine sesqui longiore; 4° præcedenti simillimo; 5° breviore, quadrato; 6° præcedentibus his latiore, subcylindrico, truncato, 4^m, 5^m que longitudine non superante. — Foveola abdominalis his angustior, internè punctata. — Pubes : capitis thoracisque similis ; elythorum densior ac subtilior ; abdominis densior. — Fasciæ pilorum in angulis elytrorum paulo breviores. — Reliquiæ corporis partes ut in *C. Testaceo*. Mas eisdem notis insignis, at dente tibiali acutiore calcaratus. *C. Longicorni* valdè distinctus corporis statura minore et perangustiore, antennis multò brevioribus alioque modo structis, at que foveo'à abdominis longitudinalis. — Habitat montes Alberas ad Caucoliberim et Portum-Veneris, sub lapidibus, cum *Formicâ flavâ*.

Cette espèce nouvelle si remarquable, enrichit la Faune française et européenne d'une troisième espèce dans un genre peu nombreux et singulièrement organisé.

Le *Claviger Pouzaui* est testacé, assez semblable, à première vue, au *Testaceus*, quoique un peu plus étroit ; mais il en diffère par les points suivants :

Tête à proportion un peu plus longue et plus étroite, à côtés moins arrondis. Corselet un peu plus long et plus rétréci en avant. Antennes bien plus longues ; premier article caché ; deuxième, petit, globuleux ; les trois suivants deux fois plus larges que le deuxième, de même largeur entre eux, mais de longueur différente ; troisième de moitié plus long que large ; quatrième tout-à-fait semblable au troisième ; cinquième plus court, carré ; sixième subcylindrique, tronqué à l'extrémité, aussi long que les quatrième et cinquième réunis, deux fois plus large que le précédent. Fossette abdominale deux fois plus étroite que celle du *Testaceus*, longitudinale ; espace convexe situé au fond, entre les deux sillons, visiblement ponctué, tandis qu'il est lisse dans le *Testaceus*. La pubescence, semblable à celle de ce dernier, quant à la tête et au corselet, est plus dense sur l'abdomen et les élytres, et plus fine sur ces dernières, qui offrent en outre à leur angle apical externe des touffes de poils un peu plus courtes.

Les parties du corps passées sous silence ressemblent complétement à celles du *Testaceus*. Le mâle offre les mêmes caractères sexuels ; seulement la dent tibiale est plus aiguë.

Cette espèce diffère au premier coup d'œil du *Longicornis* par sa taille plus petite et bien plus étroite, ses antennes bien plus courtes et différemment proportionnées, et par sa fossette de l'abdomen longitudinale et non transversale.

Je dédie cette magnifique espèce à M. Pouzau, commandant de la place de Collioure. L'Entomologie française lui doit de précieuses découvertes, entre autres celle du *Paussus Favieri*, qu'il a trouvé le premier en France. C'est encore lui qui a découvert le *Claviger* que je décris ici, dans diverses localités arides des environs de Collioure, sous des pierres, avec la *Formica flava*. Je l'ai repris moi-même, le 19 mars, dans les mêmes conditions, sur le versant méridional du col de *Las Portas*, près Port-Vendres. Puisse cette description parvenir au brave commandant comme une faible marque de mon estime, de mon amitié et de ma reconnaissance, pour l'obligeance infatigable avec laquelle il a guidé mes chasses entomologiques dans les Albères!

1. Centrotoma rubra (spec. nov) DE SAULCY.

Long. 1 $^2/_3$ millim.—Rufa densè punctata et griseo-pubescens, elytris brevioribus, margine apicali infuscato, antennarum articulis duobus ultimis crassioribus.

Cette espèce, tout à fait de la couleur du *Chennium bituberculatum*, ressemble beaucoup à la *C. Lucifuga*, et en diffère par les points suivants :

Couleur rousse; taille d'un tiers plus petite. Antennes à articles 3 à 8 plus courts, 10 et surtout 11 plus épais. Palpes maxillaires à articles moins épais, moins globuleux, plus ovoïdes. Fossettes de la tête moins grandes et moins profondes. Élytres plus courtes à proportion, à pubescence beaucoup plus fine, ainsi que celle de l'abdomen. Les élytres ont une étroite marge apicale foncée.

Mâle, ayant les articles antennaires 8 à 11 formant massue, les trois premiers bien plus courts que ceux du mâle de la *Lucifuga*.

Un mâle et une femelle pris sous une pierre, en société du *Chennium bituberculatum*, avec la *Myrmica cœspitum*, à la montagne du Carroïg, près Banyuls.

1. Scotodyte (gen. nov.) DE SAULCY.

Corpus elongatum, depressum, subincurvum, cæcum, apterum. Caput thorace angustius; antennæ ut in *Cephennio;* palpi maxillares articulo tertio tumidulo, quarto hoc dimidio breviore, subulato. Cæteræ partes oris mihi invisæ. Thorax ut in *Cephennio*, longitudine paulò latior, basin versus subattenuatus. Scutellum triangulare, angustum. Elytra brevissima, thorace dimidio breviora, apice intùs oblique truncata, thorace paululum angustiora. Abdomen perlungum, corneum, marginatum, incurvum, segmentis subæqualibus, elytrorum longitudinem quater superans. Coxæ conicæ, magnæ, deflexæ; anticæ intermediæ que approximatæ, posticæ distantes; mesosternum parum carinatum, metasternum parvum pro famillà, posticè rotundatum. Trochanteres parvi, simplices. Pedes breviusculi; femora tibiæ que ut in *Cephennio*. Tarsi quinque articulati, articulis quatuor primis brevissimis, inter se æqualibus, difficillimè distinguendis; articulo quinto illos conjunctos longitudine superante, biunguiculato.— Victus hypogæus in terrâ sub lapidibus magnis.

Genre tout à fait singulier et paradoxal dans la famille des Scydménides, à laquelle il appartient sans aucun doute, et très-remarquable par ses élytres très-courtes.

Forme déprimée, corps long, courbé en dessous. Tête d'un tiers plus étroite que le corselet; yeux nuls; à leur place, une pointe obtuse un peu dirigée en avant. Antennes construites et insérées comme chez les *Cephennium*. Palpes maxillaires comme dans le genre *Scydmænus;* troisième article un peu renflé; quatrième de moitié plus court, étroit, subulé. Je n'ai pu examiner les autres parties de la bouche. Corselet déprimé, à peu près de la forme de celui des *Cephennium*, un peu plus large que long; plus grande largeur au tiers antérieur; côtés arrondis en avant; angles antérieurs très-obtus, postérieurs obtus; base et sommet coupés droits; de chaque côté, tout-à-fait à la base, une impression arrondie en avant, plus foncée. Écusson étroit, en triangle aigu. Élytres de moitié plus courtes et un peu plus étroites que le corselet, un peu dilatées en arrière et tronquées obliquement en dedans; pas d'ailes. Abdomen entièrement corné, en ovale très-allongé, fortement rebordé, courbé en dessous, quatre fois plus long que les élytres; segments à peu près égaux entre eux. Hanches très-saillantes, allongées, plates, couchées en arrière sous le corps; les antérieures et intermédiaires contiguës, les postérieures assez écartées. Mésosternum faiblement caréné; métasternum très-petit pour la famille des Scydménides, arrondi en arrière, ponctué. Trochanters petits, simples; pattes assez courtes; fémurs et tibias comme chez les *Cephennium*. Tarses de cinq articles, les quatre premiers très-courts, égaux entre eux, tellement difficiles à distinguer, que pendant quelque temps j'ai cru qu'il n'y en avait que deux; cinquième article surpassant en longueur les quatre précédents réunis, terminé par deux crochets. Aux tarses antérieurs et intermédiaires, les quatre premiers articles sont garnis en dessous de très-longs poils très-serrés, faisant brosse.

1. Scotodytes paradoxus (spec. nov.) DE SAULCY.

Testaceus, griseo-pubescens, capite thorace que lævibus, nitidis, illo in vertice punctis duobus nigris transversim guttato, hoc in disco punctis nonnullis obsoletissimis utriuque ferè seriatim dispositis notato, basi que utriuque foveolâ nigricante impresso. Elytræ obsoletè punctata, griseo-pubescentia, nitida, absque striis et foveolis. Abdomen punctatum, densiùs ac fortiùs griseo-pubescens.—Long. 1 millim. $^1/_4$.

Entièrement testacé. Tête lisse, offrant sur le vertex deux petits points noirs visibles par transparence, placés transversalement comme des ocelles. Les côtés de la têtes forment en arrière un angle très-obtus situé entre le cou et la pointe qui remplace les yeux. Antennes à premier article épais, deux fois aussi long que large, deuxième à peine moins épais, en carré à peine allongé; troisième de moitié plus mince, d'un tiers plus court que le deuxième; quatrième et cinquième de même largeur que le troisième, mais plus courts, carrés; sixième à peine plus large et plus long que le cinquième; septième un peu plus large et plus long que le sixième; huitième de la largeur du sixième, mais plus court, légèrement transversal; neuvième, dixième et onzième deux fois aussi larges que le huitième, faisant massue, les deux premiers en carré transversal, le dernier une fois et demie aussi long que le précédent, pyriforme. Corselet lisse, offrant seulement sous un certain jour, sur le disque, deux faibles traces peu régulières de lignes de points très-obsolètes; à la base, de chaque côté, une impression ou fossette assez grande, foncée, arrondie en avant. Élytres brillantes, sans stries ni fos-

4

settes, offrant une ponctuation assez grosse et obsolète, donnant naissance à des poils gris. Cette ponctuation et cette pubescence sont plus fortes sur l'abdomen, qui paraît mat.

Cet insecte, extrêmement curieux, qui a un facies tout particulier, paraît faire la transition aux Psélaphides et aux Staphylinides. L'unique exemplaire que je possède a été pris à Banyuls-sur-Mer, sous une grosse pierre profondément enterrée.

Nous voyons par les magnifiques et nombreuses découvertes de MM. Delarouzée, Linder, Pouzau et surtout de M. Félicien de Saulcy, combien notre département est riche en insectes.

La Famille des Psélaphiens, des Scydménides y est représentée par un grand nombre d'espèces nouvelles, espèces propres au département.

Ces découvertes nous préviennent qu'il y en a encore beaucoup d'autres à faire, et de bien précieuses, si nous en jugeons par celles déjà faites par M. de Saulcy.

Perpignan, Typ. Ch. Latrobe, rue des Trois-Rois, 1.—1449.

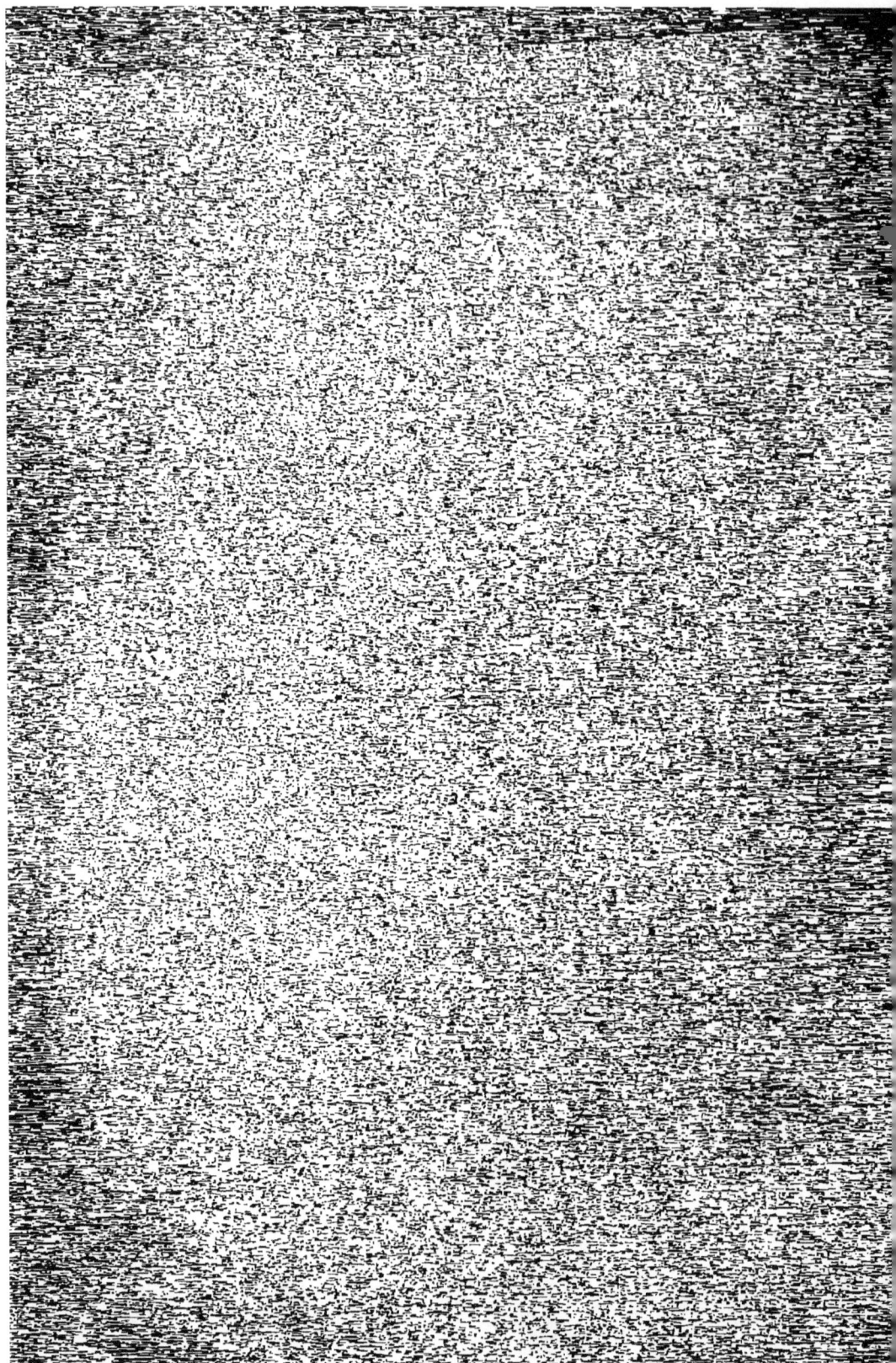

www.ingramcontent.com/pod-product-compliance
Lightning Source LLC
Chambersburg PA
CBHW070823210326
41520CB00011B/2078